모든 생명은 아름답다.
너도 그래

모든 생명은 아름답다, 너도 그래

생명과학자 할머니가 손녀에게 쓴 편지

야나기사와 케이코 지음 | 홍성민 옮김

전국과학교사모임 감수·추천

이 책은 생명과학자인 할머니가 손녀에게 편지글 형식으로 들려주는 생명에 관한 이야기다. 아니, 생명의 역사에 대한 이야기다.

100년도 못 사는 인간이 머릿속에 그려지지도 않을 만큼 긴 시간인 약 138억 년의 우주 역사를 완벽하게는 아닐지라도 어렴풋이 알게 되었고, 그 와중에 지구에서 생명의 시작이 어떻게 진행되었는지 알게 되었다. 지금 '나'라는 생명은 몇십 년 전에 시작한 생명체가 아니라 약 40억 년 전에 생긴 유전자 풀(Gene Pool)에서 출발했고, 5천 년도 더 이전에 살았던 아이스맨의 유전자를 물려받았다는 이야기는 내 생명의 가치를 더욱 귀하고 아름답게 여기게 한다. 아니, 나를 포함한 모든 생명체를 이루는 물질들이 약 138억 년 전에 있었던 빅뱅(big bang. 빅뱅이론. 우주는 시공간의 한 점에서 시작되었으며, 대폭발이 일어나 계속 팽창하여 현재와 같은 상태가 되었다는 이론)의 결과물이라는 사실은 인간이 아름다울 뿐 아니라 어마어마하게 장엄하고 거대한 것의 결과물이라는 생각이 들게 한다. 그러면서 더욱 겸손하고 소중하게 나 자신을 바라보게 한다.

이 책은 또 지구상에서 염기라는 물질 몇 가지로 시작한 생명이 어떻게 이렇게 다양하고 신비로운 생명체들로 존재하게 되었는지에 대한 의문을 갈라파고스섬 핀치새의 진화로 쉽게 설명해 주고 있다.

그리고 지구상에는 다양한 생물들이 존재하지만 후손을 남기면서 유전자를 복제하고 전달하는 과정은 모두 공통적이라고 설명한다. 그러면서 '지구상의 생명체들은 서로서로 아끼고 보살펴야 한다'는 생명의 소중함을 우리에게 잘 전달한다.

우리나라 2009 개정 교육과정 중학교 과학 교과서에서는 유전과 진화가 같이 다루어졌었는데, 2015 개정 교육과정 이후부터는 '진화'가 중학교 과학 교과서에서 빠져서 아쉬운 감이

있었다. 그런데 이 책에서 '진화'에 대해 쉽게 풀어 이야기해 주
어 더욱 반가운 마음이 든다.

특히 혼인비행과 같은 신비로운 곤충의 이야기는 매우 흥미
롭다. 사춘기를 겪는 소년·소녀의 몸과 마음에서 일어나는 변
화에 관한 설명도 역시 그러하다. 사춘기 반항의 시기는 이상한
것이 아닌 자연스러운 것이라고 얘기한다.

이 책은 한 생명의 탄생을 지구의 역사 속에서 진행되어 온
DNA 복제로 얘기하거나, 인간의 죽음을 DNA 측면에서 건강한
유전자를 유지하기 위한 선택이라고 말하면서 한 인간 생명의
시작과 끝을 지구 또는 우주의 긴 역사 속에서 놓고 바라보게
한다. 이런 내용은 왠지 보는 이의 마음을 편하게 만들어 준다.

지은이는 이렇게 말한다.

"우주는 그 자체가 하나의 생명이거든. 우리 한 사람 한 사람
도 우주 생명의 소중한 일부란다"라고.

맑은 날이면 고개를 들어 밤하늘을 쳐다보자. 항상 우리 곁
에 있는 달은 어떤 신비로운 이야기를 갖고 있을까? 달은 어떻
게 생겨났을까?

마음속에 있는 물음표를 가만히 들여다보자. 숲길을 걸으며
눈에 보이는 풀, 꽃, 벌레에게도 눈길을 보내 가만히 관찰해 보

자. 이런 일상의 경험을 통해 자연 속에서 경이로움을 느낄 수 있는 감성(The Sense of Wonder)을 길러 보자.

교과서를 통해 공부하다 보면 과학 지식들을 주제별로 쪼개어 학습하게 되는데, 이 책을 읽으면 분절되었던 과학 지식들이 우주의 역사라는 거대한 장에서 통합되는 느낌을 갖게 된다.

이 책을 고등학교 통합과학을 공부하기 전의 학생들이나 중학생들에게 적극 권장하고 싶다.

2023년
전국과학교사모임

모든 생명은 아름답다. 너도 그래

세상의 모든 리나에게

"네가 있어 감사해"

생명이란 무엇일까?

생명의 사전적 의미는 "생물이 살아서 숨 쉬고 활동할 수 있는 힘"이다. 앞으로 태어날 존재, 목숨을 가리키기도 한다.

여러분은 생명이란 무엇이냐고 물으면 어떻게 답할까?

나의 경우는 일단 '음~' 하고 한 박자 쉬게 된다. '1+1=2'처럼 논리적인, 거의 반사적으로 튀어 나오는 답이 나오지 않는다.

'생명'에는 뭐랄까, 신비하고 함부로 규정할 수 없는 엄청난 것이 들어 있기 때문이다. 그것은 마치 '너는 누구냐?'는 물음과도 같다.

이름, 성별, 겉모습, 혈액형, 성격 유형……, 이런 것들이 '너는 누구냐?'의 정확한 답은 아니다. 나에 대한 설명의 일부일 뿐, 그것이 나의 전부라고 생각하는 사람은 없을 것이다.

당연히 알고 있지만(알고 있다고 생각하지만) 쉽게 설명하기 어려운 것이 '나' = '생명'이다.

거기에는 인간으로서의 역사, 조상의 발자취, 태어나서 현재까지 배우고 경험한 삶의 노하우, 또 앞으로 살아갈 힘이 있다.

여러분 한 명 한 명이 그런 놀라운 존재다.

어디 인간뿐이겠는가. 지구에는 약 150만 종의 생물이 있다는데(이것은 학계에서 확인된 숫자로, 지구상에 존재하는 전체 생물 종의 10~20%에 불과하다고 한다) 각각의 종에 속해 있는 생물 하나하나도 마찬가지다.

크기가 920억 광년(광년: 빛이 진공에서 1년 동안 진행하는 거리의 단위. 1광년=9.4605×1,012km) 정도라는 어마어마한 우주에서 인간이 생명체로서 다양한 생물과 살고 있는 것은 기적이라 할 만큼 경이로운 일이다.

이렇게 생각하면 나의 '생명'이 얼마나 소중한지, 다른 사람의 생명이 얼마나 귀한지, 자연의 생물들이 얼마나 신비한 존재인지 알 수 있다.

사람마다 차이는 있겠지만 대부분 그나마 어릴 때는 곤충,

동물, 식물 등의 생명체에 대해 감탄하고 끌리는 마음이 있는데, 성장하면서 공부에 지치고 일에 내몰리다 보니 감탄하는 감각이 둔해지는 것 같다.

어느 날 문득 이런 생각이 들었다. '생명과 자연에 대해 감탄하는 감각을 조금이나마 살려줄 수 있는 책이 없을까? 그런 책이 있으면 읽고 싶다!'

코로나19가 한창 유행하던 2020년 겨울의 일이었다. 허리가 시원찮았던 터라 컴퓨터 모니터를 5단짜리 서랍장 위에 올리고, 선 채로 여기저기 웹 서핑을 하며 책을 찾기 시작했다.

그러다 이르게 된 것이 '과학도(科學道) 100권 프로젝트'였다. 과학도 100권은 일본 유일의 자연과학 종합연구소인 이화학연구소와 책의 가능성을 추구하는 편집공학연구소가 함께 시작한 프로젝트로 '과학'과 '책'이라는 두 연구소의 강점을 살려 청소년 대상의 과학책을 알리는 활동을 계속하고 있다.

《모든 생명은 아름답다. 너도 그래》는 2019년도 '과학도 100권 프로젝트'에 선정된 100권 중 하나로 '원소 헌터', '아름다운 수학', '과학하는 여성'이라는 세 가지 주제 가운데 '과학하는 여성' 부문에 소개되었다.

생명과학자인 할머니가 손녀 리나에게 보낸 35통의 편지.

나는 이 책을 읽을 때 '리나' 대신 나의 이름을 불러 보았다.

그렇게 편지 한 통, 한 통을 읽어 갔다.

　여러분도 '리나' 대신 각자의 이름을 불러 보면 어떨까?

　나는 이 책을 통해 세상의 모든 리나가 자신이 정말 소중한 존재임을 다시 한 번 깨닫기를 바란다.

　더불어 다른 생명도 내 생명처럼 소중히 여기기를 바란다.

　"세상의 모든 리나야, 네가 있어 감사해!"

　　　　　　　　　　　　　　　　　　　　　　　홍성민

모든 생명은 아름답다. 너도 그래

Ⅲ 생명은 순환한다

I

생명은 노래한다

1   우리는 왜 모두 잠을 잘까?

잠·렘수면·꿈

리나에게.

일기예보에서 소나기가 내릴지도 모른다기에 걱정했는데, 비
맞지 않고 집에 잘 갔니?

학교에선 재미있는 일 없었어? 있었으면 다음에 할머니 만날
때까지 기억해 두었다가 잊지 말고 꼭 알려 줘. 할머니는 우리
리나가 해주는 이야기를 듣는 게 제일 좋아.

오늘은 마당을 보고 있다가 문득 너의 앙증맞던 모습이 떠올
랐어. 네가 어렸을 때의 일인데 아마 4살 정도 됐었을 거야.

"리나는 유치원 가야 하니까, 얼른 자" 하고 네 엄마가 널 이

모든 생명은 아름답다. 너도 그래

불에 눕혔지. 리나의 엄마랑 아빠는 차를 마시며 텔레비전을 보고 있었단다.

그런데 너는 왠지 정말 잠들어 버리면 굉장히 손해 볼 것 같았나 봐. 몇 번이나 엄마를 찾았어.

"엄마, 등이 가려워."

"엄마, 목말라, 물 줘."

그렇게 한참 엄마를 불러 대다가 밑천이 떨어졌지. 한동안 생각에 잠겨 있더니 넌 이렇게 말했단다.

"엄마, 리나 눈은 감아도 감아도 금방 떠지거든. 어떻게 해야 닫혀?"

참 이상하지? 눈꺼풀이 차고의 자동문처럼 혼자 올라가진 않는데 말이야. 살짝 눈을 감아 봐. 눈을 떠야겠다고 생각하지 않으면 눈꺼풀은 올라가지 않아. 눈꺼풀처럼 자기가 그렇게 하자고 생각했을 때만 움직이는 근육을 수의근(隨意筋)이라고 해. 심장이나 위장의 근육처럼 그 사람의 생각과 관계없이 움직이는 근육은 불수의근(不隨意筋)이야.

잠을 잔다는 것은 참 신기한 현상이라고 생각하지 않아? 죽는 것과는 달리 다음 날엔 꼭 눈을 뜨잖아. 자는 동안에는 의식이 없지. 그래서 무슨 일이 일어나도 잠에서 깨지 않으면 몰라.

옛날부터 잠에 대해 연구하는 사람은 많은데, 그 비밀을 밝히는 게 꽤 어려운가 봐. 동물도 사람처럼 잠을 자. 개도 고양이도 잠을 자. 그럼 개구리와 악어는 어떨까? 이런 동물도 오랫동안 움직이지 않고 가만히 있을 때가 있으니까 아마 그럴 때 잠을 잘 거야.

그런데 왜 모두 잠을 잘까? 며칠씩 잠을 못 자면 사람은 정신이 이상해진대. 꼭 잠을 자야 하는 존재인 거야.

사람은 잠을 자는 동안 기억을 정리하거나, 그날 일어났던 일을 마치 비디오의 빨리 돌리기처럼 재생해서 중요한 것만 모은다고 말하는 연구가도 있어. 잠을 안 자면 정신적으로 이상해진다고 하니 역시 잠은 신경의 휴식을 위해 꼭 필요하겠지.

잠을 잘 때 꾸는 꿈은 무엇일까? 잠에 대해 알면 꿈에 대해서도 알 수 있을 거야. 꿈을 떠올려 병을 치료하는 방법이 있는데, 꿈이란 무엇인지 모르니까 왠지 미덥지 않아. 하지만 환자의 병이 나을 수만 있다면 논리나 이론은 문제가 되지 않겠지.

꿈에 관한 재미있는 이야기가 있어.

렘(Rapid Eye Movement)수면을 발견한 미국인 유진 애서린스키(Eugene Aserinsky)는 대학에 들어가서도, 치과의사가 되는 학교에 들어가서도 수업에 따라가지 못했고, 군대에 입대해서도 제대로 생활하지 못했어. 늘 빈둥거리며 지냈지. 그때 시카고대학의 너새니얼 클라이트먼(Nathaniel Kleitman) 신경생리학 교수가 그를 심리학 대학원 학생으로 받아 줬어.

대학원이니까 뭔가 연구를 하지 않으면 안 돼. 대학원에서 유진은 누가 봐도 '괴이하다' 싶은 실험을 시작했어. 그는 사람이 잠을 잘 때 눈동자(안구)가 움직이는지 어떤지 연구하고 싶다고 한 거야. 보통 사람은 거의 신경 쓰지 않는 문제잖아.

유진은 8살 된 아들, 아몬드가 잠을 잘 때 아몬드의 머리와 눈 주위에 전극을 붙여서 눈동자의 움직임을 하룻밤 동안 관찰하고 기록했어. 그 결과, 잠을 자는 동안 눈동자가 이리저리 움직일 때가 여러 번 있다는 것을 알아냈지. 그러고는 눈동자가 움직일 때의 수면을 '렘수면'이라고 부르기로 했어. 렘수면의 발견은 대단한 업적이었지.

그는 연구를 계속해서 사람이 꿈을 꾸는 것은 렘수면일 때뿐이라는 사실도 알아냈어. 깊은 잠에 빠져 눈동자가 움직이지 않을 때는 '논렘(Non Rapid Eye Movement)'수면이라고 해.

우리가 잠을 잘 때는 렘수면과 논렘수면이 번갈아 반복돼. 8시간 잠을 자는 사람은 그동안 렘수면이 4, 5번 반복되고, 그때 꿈을 꾸지.

또 렘수면 때는 팔다리의 힘이 빠지고 몸이 축 늘어진다는 것도 알았어. 만일 팔다리에 힘이 들어가 있다면, 꿈꾸는 사람이 꿈속에서 뛰기 시작했거나 다른 사람을 때리는 건지도 몰라. 사람들이 모두 꿈을 꿀 때 움직인다면 참 난처한 일이 벌어질 거야.

수면과 꿈에 대해서는 지금도 연구가 이루어지고 있으니까 언젠가는 그 비밀이 밝혀지겠지. 그런데 리나가 커서 연구자가 된다고 해도 다 밝혀지지 않을 수도 있어. 어때, 그래도 리나가 한번 해보고 싶지 않아?

오늘 편지는 여기까지 써야겠다.

학교에서 돌아오면 리나는 뭘 하니? 소설책을 많이 읽기를! 하지만 눈을 소중히 해야 해. 가끔 나무를 보거나 눈 주위를 손가락으로 살살 눌러서 눈을 쉬게 해주는 것도 좋아.

모든 생명은 아름답다. 너도 그래

2   벌레의 기분을 느껴 봐

동물 · 벌레

리나야!

오늘도 잘 지냈니?

혹시 리나는 벌레의 기분을 느껴 본 적 있어?

할머니 방 창문에서 잘 보이는 곳에 매화나무 한 그루가 있는데, 너도 알 거야. 그 나무의 잎사귀 한 장을 벌레가 갉아먹었지 뭐야. 그래서 잎 한가운데 커다란 구멍이 뚫렸어.

벌레가 잎사귀를 갉아먹는 장면을 할머니가 본 건 아니지만 '벌레가 잎사귀를 먹을 때는 어떤 기분일까?' 하고 가끔 생각하곤 해. 가령 벌레가 잎사귀를 한창 갉아먹고 있는데 그 구멍

너머로 할머니 방이 보이면 어떨까? 벌레가 구멍을 통해 할머니를 봤을까? 아니면 잎사귀를 먹는 데 정신이 팔려서 아무것도 못 봤을까?

리나는 벌레나 동물의 기분에 대해 생각해 본 적 있니? 다카무라 고타로(高村光太郎)가 쓴 시 중에 한 편을 소개할게.

너덜너덜한 타조

뭐가 재미있어서 타조를 기르나
동물원의 4평 반 진창 안에서는
다리가 너무 길지 않은가
목이 너무 길지 않은가
눈 오는 나라에서 이대로는 날개가 너무 너덜너덜하지 않은가
배가 고프니까 건빵은 먹지만
타조의 눈은 먼 곳만 바라보고 있지 않나
너무 슬프게 불타고 있지 않은가
유리색(보랏빛을 띤 청색) 바람이 당장이라도 불어 오기를 기다리고 있지 않은가
저 작고 소박한 머리가 무한대의 꿈으로 소용돌이치고 있지 않

은가

이것은 이미 타조가 아니지 않은가

인간이여,

이제 그만 좀 두라, 이런 짓은

고타로는 타조의 기분을 잘 이해하고 있는 것 같아. 인간이든 동물이든 상대의 기분을 생각하는 것은 매우 중요해. 만일 자신이 그 사람, 혹은 동물이었다면 어떨지 생각하는 거야.

고타로는 1883년에 태어난 조각가이자 시인이야. 아내의 정신이 이상해졌어도 변함없이 사랑해서 멋진 시를 많이 남겼지. 그 시들을 시집으로도 출간했어. 고타로의 시를 읽으면 사랑이란 무엇인지 어렴풋이나마 알 수 있을 거야. 그는 무척 다정한 사람이었어. 리나도 커서 그렇게 다정한 사람을 만나면 좋겠다.

다음에 또 쓸게.

잘 지내라.

3 얼마나 많은 생명이 달의 영향을 받는지 알면, 깜짝 놀랄 거야

달·밀물·썰물·바닷속 생물

리나에게.

오늘은 6월 1일. 학생들 교복도 이젠 하복으로 바뀌었겠지. 하지만 장마철에는 쌀쌀한 날도 있으니까 감기 걸리지 않게 조심하자.

우리가 지금 쓰고 있는 달력은 태양을 중심으로 한 것이라서 '태양력'이라고 해. 지구는 태양의 행성으로, 태양 주위를 돌아. 또 하나, 우리와 관계 깊은 천체가 있어. 맞아, 달이야. 달은 지구의 위성으로 지구 주위를 돌지.

우리는 태양과 달, 양쪽의 영향을 받으며 살고 있는데, 바닷속에는 달의 영향을 크게 받는 생물들이 있어. 그건 밀물과 썰물이 달의 영향으로 일어나는 것과 깊은 관계가 있지. 밀물과 썰물은 지구의 회전, 그리고 태양과 달의 인력(서로 끌어당기는 힘)으로 일어나는데 보통 하루에 두 번씩 일어나. 또 한 달에 걸쳐서 보면 보름달과 삭(음력 초하룻날의 달로 지구와 태양 사이에 달이 놓여 있어) 때 밀물과 썰물의 높이 차이가 가장 커서 물이 많이 차고(사리. 대조〈大潮〉라고도 해), 그 사이의 반달(상현, 하현이라고 해)일 때 밀물과 썰물의 높이 차이가 가장 작아서 물의 수위가 낮아져(조금. 소조〈小潮〉라고도 해).

그러니까 바닷가의 조개는 썰물 때 쓸려 나가지 않도록 바위에 단단히 달라붙어 있어야 한단다. 몸이 물 밖으로 드러났을 때는 몸이 마르지 않게 할 특별한 대책이 필요해.

바위에 붙어 있는 거북손과 조무래기따개비는 바닷물이 차면 물속에 있는 플랑크톤(물속에 떠 있는 작은 생물)을 먹고 살아. 바닷물이 빠져서 몸이 물 밖으로 드러나면 몸이 마르지 않게 껍데기를 닫아 버리지.

게 중에는 밀물 때 모래 속에 숨어 있다가, 물이 빠지면 모래 밖으로 나와 먹이를 찾는 종류도 있어.

갈색꽃해변말미잘(학명: Anthopleura japonica)은 바위틈에 단단히 붙어 있거든. 바닷물이 빠졌을 때는 바위틈에 몸을 감추고 표면에는 조개껍데기 등을 얹어서 눈에 띄지 않게 하지. 물이 차면 바위틈에서 바위 표면으로 몸을 쭉 펴고, 수많은 촉수를 흔들어 작은 물고기를 유인해서 중앙에 있는 입으로 물고기를 잡아먹는단다.

먹는 것뿐만 아니라 번식도 밀물과 썰물, 달의 차고 이지러짐과 깊은 관계가 있어. 많은 생물은 수컷의 정자와 암컷의 알이 하나가 돼서 자손을 늘려가. 이것을 수정이라고 해. 우리 인간도 마찬가지야.

군부(몸이 납작하고 좌우대칭인 해양 연체동물)는 여름철 사리 때면 새벽녘의 바닷물이 가장 높이 차오르기 직전 30분 이내에 알과 정자를 일제히 물속에 방출해. 방출된 알과 정자는 물속에서 수정되어 유생이 되지. 유생은 알과 정자가 수정해서 생기는 배(胚)에서 성장하는 동안 성체와는 전혀 다른 형태를 하고 행동하는 것을 말해. 솔나방의 유충(애벌레)은 송충이지.

이런 동물 가운데 시간을 가장 잘 지키는 것이 일본깃갯고사리(학명: Oxycomanthus japonicus)야. 1년에 한 번, 10월 초순(한 달이 시작되고 열흘간)에서 중순(초순 다음의 열흘간)의 상현이나 하현달이 뜨는 날, 오후 2시 30분에서 4시 사이에 알과 정자를 일제히 방출해. 알을 갖고 있는 암컷과 정자를 갖고 있는 수컷은 각각 다른 개체라서 동시에 방출되지 않으면 제대로 수정이 이루어지지 않거든. 일본깃갯고사리는 시계가 없는데 어떻게 그렇게 할 수 있을까?

오스트레일리아의 그레이트 베리어 리프(Great Barrier Reef. 세계 최대 규모의 산호초 군락. 유네스코가 지정한 세계자연유산)에는 140종이 넘는 산호가 10월에서 11월의 삭이 뜨는 날로부터 5~7일째 되는 밤에 일제히 알과 정자를 방출해.

남반구에 있는 이 지역에서는 이때가 봄이야. 번식에 적당한 수온이 되는 시기라서 많은 종류의 산호가 일제히 산란을 하는 거란다. 그런데 140종이나 되는 산호의 정자와 알은 어떻게 상대를 찾을까?

궁금하지 않니?

이럴 때 바닷물 색깔은 어떻게 변하는지 보고 싶지 않아?

리나도 자연현상에서 떠올리게 되는 물음표를 소중히 여기는 사람이 되었으면 좋겠다. 그러면 세상이 훨씬 아름답게 느껴질 거야.

4 바닷속에서 일어난 생명 창조의 기적

유전·DNA·염기·세포·미토콘드리아·진핵생물·다세포 생물

리나에게.

올해도 우울한 장마철이 돌아왔네. 습기로 눅눅하지만 그래도 여름의 뜨거운 더위보다는 나을까? 우리 집 마당에 열린 매실이 충분히 커져서 이제는 얼른 매실장아찌가 되고 싶어 하는 것처럼 보여.

전에 바다 이야기를 했는데, 우리 인류도 바다에서 생겨났다는 가설이 있어. 생명이 탄생한 것은 바닷속의 뜨거운 물이 분출한 곳이었다고 생각하는 학자가 많으니까 그 관점에서 이야기할게. 이 외에도 인류가 화산의 분화구에서 생겨났다, 우주에서 내려왔다는 등의 여러 가설이 있어. 어쨌든 아무도 본 적이 없으니까 정확한 사실은 아직 모른단다.

바닷속에는 별의 조각들로부터 생긴 여러 가지 분자가 있었어. 별의 조각에 대해서는 나중에 편지로 이야기할게. 생명의 가장 중요한 성질은 자신과 똑같은 생명을 만들 수 있다는 거야. 인간은 아기를 낳아서 자신과 똑같은 생명을 만들 수 있지.

그런데 맨 처음 바닷속에서 생긴 것은 인간과 같은 복잡한 생명체가 아니었단다. A(아데닌), T(티민), G(구아닌), C(시토신)라는 4종류의 분자가 연결된 생명체였지. 최초에 생긴 것은 5개나 6개의 분자가 연결된 ATGCC 같은 분자였을 거야. 이런 분자가 많이 있으면 그것들이 이어져서 점점 길어질 수 있어.

이때 분자를 연결하는 결합은 뒤에 나오는 수소결합과 비교하면 강한 결합이야. 옆에 오는 분자는 A, T, G, C 가운데 무엇이 되든 상관없어. 이 A, T, G, C를 염기라고 해.

앞서 말한 분자에 'GCTGC'라는 분자가 이어지면 'ATGCC GCTGC' 같은 조금 긴 분자 고리가 만들어지지.

이 분자가 어떻게 자신과 똑같은 생명을 만들 수 있는지 아직 잘 모르겠지? 거기에는 큰 비밀이 있단다. 바로 이거야.

'ATGCCGCTGC'라는 분자가 있다고 하자. 바닷속에는 A,

T, G, C라는 분자가 많이 있어. A라는 분자와 T라는 분자는 서로 손을 잡을 수 있지. A와 T가 손을 잡으면 A-T가 되고, G와 C가 손을 잡으면 G-C가 돼.

G와 C, A와 T는 손을 잡을 수 있지만 A와 G 또는 C와 T는 손을 잡을 수 없어. 여기서 손을 잡는다는 것은 수소결합이라는 약한 결합을 한다는 건데, 두 분자가 수소를 사이에 끼고 손을 잡기 때문에 수소결합이라고 해. 그래서 'ATGCCGCTGC'라는 한 줄의 분자가 있으면 각각의 손을 잡는 분자가 수소결합을 해서 다음과 같이 돼.

```
ATGCCGCTGC
| | | | | | | | | |
TACGGCGACG
```

이렇게 수소결합한 것이 작은 DNA 분자로, A, T, G, C라는 분자를 염기라고 부른다고 앞에서 말했지? 이렇게 두 줄이 된 분자는 나선 모양으로 꼬여 있어서 'DNA 이중나선'이라고 해.

DNA 이중나선의 수소결합은 약하기 때문에 조금만 온도가 올라가도 끊어져 버려. 앞에서 예로 든 DNA 이중나선 사이의 수소결합이 끊어지면 아래처럼 한 줄 고리 모양의 분자가 두 개 생기게 된단다.

```
ATGCCGCTGC
TACGGCGACG
```

분리된 각각의 염기는 손을 잡을 수 있는 분자와 수소결합을
하는데, 그럼 이렇게 돼.

```
ATGCCGCTGC
| | | | | | | | | |
TACGGCGACG
```

```
ATGCCGCTGC
| | | | | | | | | |
TACGGCGACG
```

이렇게 해서 똑같은 것이 두 개 생겼어. 이런 방식으로 DNA 분
자는 자신과 똑같은 분자를 만들어 점점 늘어날 수 있는 거야.
생명이 탄생한 초기에는 염기 몇 개가 서로 달라붙고 떨어지
기를 반복했을 거야. 그것이 지금으로부터 약 38억 년에서 40억

모든 생명은 아름답다. 너도 그래

년 전의 일이야. 그렇게 해서 DNA는 점점 늘어났지.

리나야, 물에 기름을 한 방울 떨어뜨리면 어떻게 될까? 그
래, 기름은 물과 섞이지 않고 동그랗게 기름방울을 만들어. 바
로 그런 일이 원시의 바닷속에서 일어났어. 바닷물에 떠 있던
DNA가 기름막에 둘러싸인 거야. 막 안에는 DNA와 단백질, 원
시 바닷물 등이 들어 있었지.

여러 가지 분자가 단순히 바닷속에 떠 있는 것보다는 지방
주머니에 들어 있는 것이 살아가는 데 훨씬 유리하거든. 우리
가 일을 할 때도 도구들이 들판에 여기저기 흩어져 있는 것보
다 창고 안에 가지런히 정리되어 있는 것이 좋잖아.

이렇게 해서 세포가 생겨났어. 그리고 진화해서 세균 같은
작은 생물이 되었지. 우리 인간도 세포로 되어 있는데, 세포 하
나하나에는 원시 바닷물과 아주 흡사한 성분의 액체가 들어
있단다. 정말 놀랍지 않아?

DNA는 세포 안에서도 증식을 계속해서 사슬이 얽히고, 또
는 바뀌어 연결되면서 점점 길고 복잡해졌어. 그리고 DNA는
세포 안에 있어서 그 안에서 일어나는 일을 명령하는 분자가
됐지. 그 명령을 A, T, G, C라는 4종류의 염기로 나타내어 자손
의 세포에 전달하게 됐어. 이것을 'DNA가 유전 정보를 전달한

다'고 해.

DNA가 길어지면 유전 정보가 많아져. 유전 정보가 많아지면 그만큼 복잡한 화학 반응을 해서 복잡한 생명 활동을 할 수 있지.

바다 표면에는 우주로부터 자외선이 쏟아지는데, 자외선은 DNA를 망가뜨리기 때문에 생물에게는 강적이란다. 그래서 생물은 바닷속 깊은 곳으로 들어가거나 바위 뒤에 숨어 살았어.

세포가 생기고 10억 년쯤 지나자 태양 에너지를 이용해 공기 중의 이산화탄소와 물로 영양분을 만드는 생물이 나타났지. 이 생물은 시아노박테리아(Cyanobacteria, 남조세균)로, 이 세균이 일으키는 화학 반응을 광합성이라고 해. 태양빛이 갖는 에너지를 이용해 스스로 영양분을 만들지.

광합성에서는 공기 중의 탄산가스(이산화탄소)와 물로 영양분을 만들고 산소를 세포 밖으로 버리는데, 이렇게 해서 버려진 산소는 오존이 되어 지구 표면에 오존층을 만들어. 오존은 자외선을 차단하기 때문에 산소가 늘자 생물이 살기 쉬운 환경이 되었단다.

한편으론 시아노박테리아가 버리는 산소를 이용해 세포 안에서 영양분을 낮은 온도로 태워서 에너지를 얻는 세균도 생겼어.

이렇게 세균은 진화했는데, 지금으로부터 약 14억 년 전에 이들 세균과는 전혀 다른 생물이 출현한 것이 화석 조사로 밝혀졌어. 이 생물은 진핵생물(眞核生物)로, 하나의 세포로 이루어졌지만 세균과는 다른 생명이었지.

진핵생물은 세포 안에 핵이라는 주머니를 만들어서 그 안에 DNA를 담고 있어. 이것이 우리 인간의 조상에 해당하는 생물로 여겨진단다. 인간의 세포도 핵을 갖고 있어.

그런데 세균은 핵을 갖지 않아. 진핵생물 중에는 미토콘드리아(mitochondria)라는 호흡 담당 세균을 자신의 세포 안에 갖는 것도 나타났어. 호흡을 담당하는 세균이 호흡에 서툰 진핵생물 안에 들어가 퇴화해서 미토콘드리아가 된 거야.

미토콘드리아만 가진 진핵생물은 동물이 됐고, 시아노박테리아와 미토콘드리아 양쪽을 가진 진핵생물은 식물이 됐어.

지금으로부터 약 6억 년 전에는 다세포 생물이 생겼지. 다세포가 된다는 것은 방이 하나뿐이던 집이 여러 개의 방을 갖게 된 것과 같아. 처음으로 나타난 다세포 생물은 세포가 일직선으로 연결된 끈 모양이거나 평평한 접시 모양 같은 단순한 형태였어.

그런 생물에서 진화한 다세포 생물 중 하나가 해면(海綿)이야.

해면은 많은 세포가 모여 염낭(허리에 차는 주머니의 한 가지) 모양을 하고 있어. 바닷속 바위에 달라붙어 사는데, 염낭에는 여러 개의 작은 구멍이 뚫려 있어서 그곳으로 바닷물을 빨아들여 작은 생물을 걸러 먹지. 그리고 입으로 바닷물을 뱉어내.

해면은 지금도 살아남았지만 이미 멸종되어 버린 생물에 대해 알아보는 데는 화석이 중요한 역할을 해. 지구에 있는 화석 가운데 가장 오래된 것은 아프리카와 호주에서 발견되는 스트로마토라이트(Stromatolite)야. 이것은 35억 년 전에 살았던 세균과 남조(藍藻, 원핵생물에 속하는 가장 원시적인 조류)가 포함된 진흙이 밀물에 밀려와 층상(層狀, 겹쳐서 층을 이룬 모양)으로 쌓인 거야. 그후 20억 년에 걸쳐 세계에서 발견되는 것은 스트로마토라이트뿐이었지. 그런데 최근에는 세균뿐인 화석도 발견되었어.

최초의 진핵생물이 나타난 것은 약 14억 년 전이라고 했는데, 이때 나타난 진핵생물은 단세포야. 다세포 생물이 지구에 등장한 것은 불과 6억 년 정도 전이지. 생명이 탄생하고 나서 30억 년이 넘는 시간 동안 지구에 살았던 것은 단세포 생물뿐이었어.

약 6억 년 전에 다세포 생물이 등장하자 그로부터 불과 3,000만 년 정도 후(지금으로부터 약 5억 7,000만 년 전)에 캄브리아기 대폭발(Cambrian Explosion)이 일어났어. 약 5억 7,000만 년 전에 갑자기 폭발하듯 다양한 형태의 동물들이 출현한 거야. 그 모양이 얼마나 다양하고 재미있느냐 하면, 장난감 가게의 주인조차 입을 쩍 벌릴 정도지. 캄브리아기 대폭발은 캄브리아기에 들어서 천수백만 년이 지났을 무렵부터 시작되어 불과 500만 년이 지속되었을 뿐인데, 그 사이에 다양한 생물이 등장했어.

어떤 동물이 생겼는지는 다음 편지 때 말해 줄게. 할머니의 이야기가 어려웠니? 잘 모르겠으면 다시 읽어 보렴.

리나는 '독서백편의자현(讀書百遍義自見)'이라는 말을 아니? 책이나 글을 백 번 읽으면 저절로 그 뜻이 이해가 된다는 말이야. 백 번은 너무 많을 수 있지만, 모르면 반복해서 읽어 보렴. 그렇게 해서 다른 사람에게 묻지 않고 스스로 이해했을 때의 기쁨은 무엇과도 비교할 수 없을 만큼 크단다. 모르는 부분은 사전을 사용해서 찾아 봐. 그렇게 하다 보면 책 읽는 힘이 쑥쑥 커지는 것을 느끼게 될 거야.

모든 생명은 아름답다. 너도 그래

5 우리는 어떻게 바다에서 땅으로 올라왔지?

자외선·광합성·오존·양서류·파충류·포유류

리나에게.

요즘 매일 비가 와서 학교 다니기 힘들지? 그런데 지구가 막 생겼을 무렵에는 더 강한 비가 몇만 년 동안이나 계속 내렸어. 할머니는 비가 오면 늘 신기하게 생각되는 게 있어. 인간의 몸은 완벽한 방수 상태라는 사실이야. 우리 몸은 어디로 비가 스며 들거나 비에 젖어도 녹아 버리지 않잖아! 우리가 바다에서 생겨난 생물의 자손이라서 물에 강한 걸까?

오늘은 생물이 바다에서 땅으로 올라왔을 때의 이야기를 할게.

광합성을 하는 생물이 점점 늘어나 지구에는 산소가 증가했어. 지금으로부터 약 4억 년 전에는 산소가 증가해서 현재의 10분의 1 정도가 됐지. 양으로 따지면 지금보다 훨씬 적지만 그래도 오존이 자외선을 차단했어. 자외선이 너무 강할 때는 생물이 물속이나 땅속에서만 살 수 있었는데, 자외선이 점차 약해지자 차츰 땅 위로 나올 수 있게 되었지.

먼저 물가의 땅에 식물이 자라기 시작했어. 자외선이 약해졌다고는 해도 생물이 살기에는 아직 강했기 때문에 식물은 중요한 부분을 땅속에 묻어 두었지. 뿌리가 땅속에 있으니까 지상에 드러나는 부분이 자외선에 피해를 보아도 뿌리에서 새로운 싹이 나오는 전략을 취한 식물들이 살아남았어. 지금 식물들도 뿌리를 갖고 있지.

지금으로부터 약 4억 년 전에서 2억 5,000만 년 전 사이의 지구는 온통 초록 숲으로 덮여 있었어. 처음에는 이끼나 양치류 같은 하등한(거의 진화하지 않은) 식물이 물가에서 자랐고 곧이어 소철, 은행나무, 소나무, 삼나무 등이 생겨났지. 이런 식물들이 산소를 만들어 낸 덕분에 지구의 산소는 점점 증가했단다.

꽃이 피는 식물이 진화한 것은 지금으로부터 약 1억 년 전이야. 벌 같은 곤충이 땅에 살면서 꽃가루를 운반해 수분할 수 있게 되기 전까지 꽃이 피는 식물은 번식할 수 없었어. 곤충이 늘면서 비로소 꽃이 있는 식물도 땅에서 번식할 수 있게 된 거야.

그럼 동물은 어떨까? 척추가 없는 동물, 가령 새우나 게는 바닷속에 있는데 지금으로부터 약 3억 5,000만 년 전에 처음으로 척추가 있는 동물이 땅 위로 올라왔어. 그 조상은 물고기였대. 물고기가 어떻게 해서 개구리가 되었을까? 그건 아주 어려운 이야기라서 다음에 자세히 말해 줄게. 기대해도 좋아.

지금으로부터 약 3억 년 전에는 개구리(양서류)의 일종과 악어(파충류)의 일종도 살았어. 그 무렵의 파충류는 '바다의 괴물'이라고도 했고 노토사우루스와 이크티오사우루스(어룡) 등이 있었지. 파충류인 공룡이 출현한 것은 지금으로부터 약 2억 5,000만 년 전의 일이야.

이윽고 파충류 가운데 턱뼈와 이빨 모양이 현재의 파충류에 가깝고 코와 입이 나뉘어 있는 것이 나타났어. 이것을 포유류형 파충류라고 하는데, 이 중에서 대략 2억 5,000만 년 전에 최초의 포유류가 나타났단다.

포유류는 새끼를 낳아 젖을 먹여서 키우는 동물을 말해. 캥거루와 두더지, 쥐, 그리고 인간도 포유류지.

최초에 조류가 나타난 것은 지금으로부터 약 1억 4,000만 년 전이야. 새는 공룡으로부터 생겨났단다. 오랫동안 시조새가 새의 조상인 줄 알았는데 그건 틀린 생각이었다는 것이 최근에 밝혀졌지.

　오늘 이야기는 여기까지야.

　장마철에는 식중독에 걸리기 쉬우니까 늘 조심해야 한다! 할머니가 어렸을 때는 냉장고가 없어서 음식이 오래 되어 상했는지 어떤지 늘 신경 써야만 했어. 그래서 우리 세대는 상한 음식을 확인하는 방법을 어릴 때부터 저절로 익히게 됐단다. 다음에 놀러 오면 오래된 생선, 햄, 어묵, 팥소가 들어간 과자를 가려내는 방법을 알려줄게. 할머니의 지혜 주머니에서 몰래 꺼내서.

　잘 지내. 다음에 또 쓸게.

모든 생명은 아름답다. 너도 그래

6 인류는 어떻게 해서 생겨났을까?

호모 사피엔스

리나에게.

인간이 어떻게 생겨났는지에 관해서는 아직 밝혀지지 않은 부분도 있어. 그런데 지금으로부터 약 500만 년 전에 아프리카에 있었던 유인원(고릴라와 침팬지)으로부터 인류가 생겨났다고 생각하는 사람이 많은 것 같아. 인간은 두 발로 걷는데(이족보행), 침팬지는 네 발로 걷는다(사족보행)는 것이 인류와 침팬지의 차이지.

지금으로부터 대략 1,500만 년 전쯤에 아프리카를 중심으로 커다란 지각(地殼) 변동이 일어났어. 이게 바로 대지진이야.

홍해부터 에티오피아, 케냐, 탄자니아, 모잠비크를 잇는 대륙의 동부 지하에서 지각의 분단이 일어나 에티오피아와 케냐의 지면이 융기하고 그로 인해 높이 2,700m가 넘는 대산맥이 출현했지. 지도에서 한번 찾아 보렴.

그전까지는 서쪽에서 동쪽으로 흐르던 기류가 이 대산맥에 부딪쳐 서쪽 지역에 비를 뿌리고 산맥의 동쪽 지역에는 비가 내리지 않게 되었어. 동쪽은 비가 적게 내리니까 숲의 나무들이 말라 버렸지.

산맥의 서쪽은 물이 풍부해서 숲의 나무들도 잘 자랐어. 유인원은 풍요로운 숲에서 나무 위 생활을 계속했단다. 산맥의 동쪽에 있었던 유인원 가운데 두 발로 걸을 수 있는 종류는 수목이 적은 곳에서 이족보행으로 살아남았어. 그 자손이 바로 인간이야.

네 발로 걷기보다는 두 발로 걷는 것이 빠르지. 유인원으로부터 갈라져 나온 인류는 이족보행 덕분에 먹을거리를 모을 수 있었어.

약 500만 년 전 인류(호모 사피엔스 사피엔스)의 조상은 30명 정도 그룹을 지어 자신들의 광대한 영역 안에서 협력해 먹을거리를 찾았어. 잘 때는 가파른 절벽이나 작은 숲에서 잤던 것 같아.

모든 생명은 아름답다. 너도 그래

우리와 동종(同種)인 인류가 나타난 것은 지금으로부터 약 20만 년 전이라고 해. 그 인류가 어디서 생겨났는지는 정확히 모르지만 지금까지는 아프리카에서 탄생했다고 생각하는 연구가 많아.

아직 원숭이의 성질을 남겨 둔 우리의 조상이 아프리카 초원에서 어떤 생활을 했을 것 같니? 무리 중에는 어른 암컷과 새끼가 많고 어른 수컷은 조금밖에 없었어. 강한 수컷이 무리에 남고 나머지 수컷은 무리를 떠나서 살았대.

어떻게 해서 인간의 인종은 세 종류가 됐을까? 그건 할머니도 몰라. 인류는 대이동을 반복해 지구 여러 곳에 정착해서 차츰 증가했지.

약 38억 년 전부터 생명은 이어졌고, 인류도 생겨났어. 리나도 그동안 계속해서 복사된 DNA를 몸 안에 갖고 있단다. 38억 년 동안 써 내려 온 '생명의 편지'의 사본을 우리 몸에 지니고 있는 거야.

그런 리나가 대단한 존재라고 생각되지 않아? 네 친구들도 모두 그런 생명의 편지를 갖고 있어.

자, 드디어 우리가 사는 시대에 다다랐어. 우리는 이런 역사를 갖고 있는 거야. 우리를 만들고 있는 세포와 먹을거리, 그 외모든 것도 지구에 있는 것은 전부 다른 별이 부서질 때 지구에

떨어진 원자로 이루어졌어. 우리는 별의 조각이야. 별의 조각을 먹고 별의 조각을 입고 살지.

마지막으로, 생명에 대한 역사의 길이를 1년으로 비유하면 어떻게 되는지 말해 줄게.

생물은 약 38억 년에서 40억 년 전에 출현했다고 했는데, 일단 38억 년 전에 출현했다고 하고 38억 년을 1년이라고 생각해 보자. 최초의 생명이 생겨났을 때를 1월 1일이라고 하면 최초의 포유류가 나타난 것은 12월 중순경이야. 그 무렵에는 공룡이 살고 있었고, 포유류는 아직 작은 야행성 동물로 공룡의 눈을 피해서 살았어.

그런데 약 6,500만 년 전에 갑자기 공룡이 멸종됐어. 이유는 확실하지 않지만 지구에 커다란 소행성이 충돌했기 때문이라는 가설이 유력해. 이걸 1년 길이로 말하면 12월 25일경이야.

공룡이 사라지자 포유류는 놀라운 진화를 이루었단다. 인류의 탄생을 약 500만 년 전이라고 하면 12월 31일 오후 6시경이지. 인류는 약 1만 년 전부터 농경과 문자의 발명으로 문명을 갖게 되었는데, 1년의 기간으로 따져 보면 12월 31일 오후 11시 59분! 현대과학이 발달하기 시작한 것이 약 300년 전이라고 하면 오후 11시 59분 58초, 불과 2초 전의 일이야.

불과 2초의 지식으로 약 38억 년의 역사를 전부 알았다고 생각하면 안 되겠지? 우리는 아직 아무것도 몰라. 우주가 생겼을 때의 역사와 비교하면 인류의 역사는 더 짧아질 거야. 사람은 오만해졌을 때 실수를 범하게 된단다. 그러니 우린 항상 겸허하고 진중해야 해.

7   침팬지도 물건을 교환할 수 있을까?

침팬지·인간

리나에게.

오늘은 재미있는 이야기를 할게. 텔레비전을 보는데 몽키센터(원숭이 전문 동물원)에서 침팬지에게 공부를 시키는 장면이 나왔어.

그 침팬지는 문제의 정답을 말하면 항상 주스 등의 상을 받거든. 그런데 그날은 정확히 답을 해도 주스는 나오지 않고 동그란 돈 같은 것이 데굴데굴 기계에서 굴러 나왔어. 그럼 그걸 들고 다른 기계로 걸어가서 그것을 넣어야 주스가 나오는 거야.

침팬지에게 '교환한다'는 사고방식은 크게 어렵지 않은 모양

모든 생명은 아름답다. 너도 그래

이야. 잠깐 훈련하는 사이에 '돈'을 바로 주스로 바꾸지 않고 모아 두었다가 한 번에 많은 주스를 마시는 침팬지까지 나타났으니까.

다음은 인간의 이야기야. 리나가 겨우 걸을 수 있게 되었을 때의 일이란다. 너는 참 빨리 걷기 시작했지. 생후 10개월쯤이었을까, 금방이라도 넘어질 듯 비틀거리며 걸었어.

냉장고 앞에서 할아버지가 아이스크림을 두 스푼 먹여 줬는데 너는 무척 맛있어하면서 더 먹고 싶어 했단다. 그런데 아직 말은 할 줄 몰랐어. 그래서 네 엄마의 가방이 있는 곳으로 걸어가더니 가방 안의 물건을 차례로 끄집어냈어. 열심히 뭔가를 찾는 것 같았지. 리나는 결국 원하는 걸 발견했단다. 그건 바로 지갑이었어.

그 지갑을 들고 다시 비틀거리며 할아버지에게 걸어갔어. 그리고 할아버지에게 지갑을 내밀었지. 할아버지는 리나가 왜 그러는지 모르는 것 같아서 할머니가 "아휴, 돈을 낼 테니 아이스크림 더 달라는 거잖아요" 하고 말해 줬단다. 진짜 그랬거든. 그래서 아이스크림을 두 스푼 더 먹여 줬어. 리나는 다 먹더니 지갑을 할아버지 손에 꼭 쥐여주고 왔단다.

리나는 엄마랑 슈퍼마켓에 자주 가기 때문에 무언가를 받을 때는 돈과 교환한다는 것을 알았던 거야. 말을 할 줄 알면 "아이스크림 더 줘요" 하고 말하면 됐을 걸 아기는 참 불편할 거야, 그렇지?

이런 일은 침팬지도 쉽게 배우고, 생후 10개월 정도의 아기도 알 수 있으니까 물건을 교환한다는 생각은 알기 쉬운 사고방식이야.

8   동물들의 빅뱅이 궁금하니?

화석·지층·삼엽충·캄브리아기

리나에게.

건강하게 학교 잘 다니고 있니? 장마 끝엔 늘 많은 비 때문에 어딘가에서는 홍수 피해가 나기도 한단다. 우리는 아직 비와 바람을 적절히 통제하는 방법을 모르지만 만약 비가 필요할 때 비를 내리게 하고, 화창해야 할 때는 화창하게 할 수 있다면 어떻게 될까?

다양한 사람들이 살고 있으니 누구의 의견으로 날씨를 정해야 좋을지 참 난처할 거야. 역시 비가 올지, 맑은 날씨가 될지는 하늘에 맡기는 게 제일인 것 같다.

오늘은 캄브리아기 대폭발에 대해 이야기해 볼게. 리나는 화석을 본 적이 있지? 할머니가 소중히 여기는 삼엽충(Trilobite), 모로코에서 발견된 암모나이트(Ammonite), 오징어를 늘린 것처럼 생긴 오르토케라스(Orthoceras). 삼엽충과 암모나이트는 5억 년 전의 것이고, 오르토케라스는 3억 500만 년 전의 것이야. 이런 화석은 바위째 잘라서 반질반질하게 광을 내어 선물 가게에서 팔지.

리나야, 혹시 '지층'에 대해 들어본 적 있어? 사전에는 "모래, 진흙, 자갈, 화산재, 생물체 등이 물밑이나 지표에 퇴적하여 이룬 층"이라고 나와 있어. 리나에게 이 설명은 조금 어려울까?

산 등을 깎아 놓은 곳을 가면 드러난 벽면의 흙 색깔이 층층이 다른 것을 본 적 있니? 그게 지층이야.

지층은 시대별로 각기 다른 흙으로 되어 있어. 그래서 어느 지층에서 발견된 화석인지 알면 화석이 된 생물이 어느 시대에 살았는지 알 수 있지.

지층은 다양한 것들이 차곡차곡 쌓여서 만들어진 것이라, 옛날 그곳에 살았던 생물은 눌리고 압축되어 납작한 화석이 돼. 납작해진 화석으로부터 '원래 생물은 이런 모양일 거야!' 하고 추측하는 거야.

캄브리아기 대폭발에 대해 알고 싶으면 먼저 캄브리아기의 지층이 밖으로 드러난 장소를 찾아야 해.

생물의 뼈는 단단하니까 화석이 되어 남지만 보통 근육이나 장기는 부패해서 화석으로 남지 않는단다. 그런데 생물의 부드러운 부분이 화석화되어 남아 있기도 해. 캄브리아기 초기의 생물이 두 곳에서 발굴되었어. 바로 캐나다의 버제스 셰일(Burgess shale. 캐나다 로키의 캄브리아기 중기 퇴적암)과 중국 청지앙(澄江)에 있는 화석 발굴 지역(청지앙 화석 유적)이야. 버제스 셰일에서 캄브리아기 초기에 어떤 생물이 있었는지에 대해 영국의 고생물학자 휘팅턴(Harry B. Whittington)과 동료들이 논문을 썼는데, 그것을 미국의 진화생물학자인 굴드(Stephen Jay Gould)가 누구나 알 수 있는 흥미로운 책으로 만들어 주었어. 책을 보면 '어떻게 이렇게 생겼을까?'라는 말이 절로 튀어나와! 놀랄 정도로 이상한 형태의 생물이 많단다.

버제스 셰일은 중국의 청지앙 발굴 지역과 마찬가지로 섬세하고 부드러운 몸을 가진 생물의 화석이 미세한 부분까지 잘 보존되어 발굴되었어. 이 화석의 단편을 연결해 입체적인 형태의 상상도를 그리는 데는 특수한 재능이 필요하지.

여기서 발굴되어 복원된 동물은 종류도 다양하고 많은데, 전부 체절(體節) 구조를 갖고 있어. 체절이란 말 그대로 몸의 마디야. 지금 있는 동물 중에서는 곤충과 새우에서 확실한 체절을

볼 수 있지. 인간의 경우는 등뼈에 체절이 남아 있어. 손가락으로 등뼈를 만져 보렴. 마디로 나뉘어 있는 것을 알 수 있을 거야. 그 하나하나가 체절이야.

캄브리아기의 대폭발로 나타난 동물은 거의 멸종했고, 삼엽충이라든가 새우 같은 곤충의 조상이 된 동물만 살아남았어. 현재 지구상에 있는 동물은 거의 캄브리아기 폭발 이후 나타난 동물의 자손이야.

자, 다시 한 번 생명의 역사를 돌아 볼까? 약 38억 년에서 40억 년 전에 생명이 탄생했어. 이윽고 DNA 분자를 기름막으로 둘러싼 세포가 생겨났지. 약 35억~36억 년 전의 것으로 보이는 스트로마톨라이트는 전부 세균과 하등한 조류(藻類)로 되어 있어.

약 14억 년 전에는 그전까지의 세균과는 다른 진핵생물이 나타났어. 이것이 우리의 조상이 된 세포야. 그 후 약 8억 년의 세월 동안 아무 변화 없이 흘러서 지금으로부터 약 6억 년 전에 다세포 생물이 생겨났지.

초기 다세포 생물의 화석은 세포가 끈처럼 이어진 것, 핫케이크처럼 원반형인 것들이었어. 그보다 조금 이후의 지층에서 발굴된 화석은 삼각뿔 모양이었지. 다세포 생물이 출현하고 불과 3,000만 년쯤 후 약 500만 년 동안 갑자기 버제스 셰일 화석에서 볼 수 있는 복잡한 동물군이 나타났단다. 그런데 정말 갑자기 나타났을까? 삼각뿔 모양의 다세포 생물과 복잡한 동물군 사이에 또 다른 동물이 있었는데, 그 화석이 발견되지 않은 건 아닐까? 연구가는 그럴 수도 있다고 생각해서 자세히 조사했어. 그래서 삼각뿔 같은 원시적인 모양의 화석과 버제스 셰일의 화석에서 볼 수 있는 동물군 사이를 메우는 화석이 아직 발견되지 않는다는 것은 있을 수 없는 일이라고 해.

캄브리아기보다 조금 앞선 선(先)캄브리아기 지층에서는 그럴 만한 화석은 아무것도 출현하지 않은 거야. 또 캄브리아기보다 조금 이후의 지층인 독일의 졸른호펜(Solnhofen) 석회암에서 나온 화석에는 캄브리아기의 대폭발과 그로 인한 잇따른 멸종을 피한 동물의 화석만 발견됐어.

캄브리아기 대폭발은 과연 무엇이었을까? 앞으로도 화석 발굴과 분석은 계속되겠지.

마치 우주의 빅뱅처럼, 캄브리아기에 일어난 것은 복잡한 모양을 한 동물들의 빅뱅이었던 거야.

9   자연에 놀라움을 느낀 적이 있니?

자연의 신비

리나에게.

장마가 끝나니 날씨가 덥다. 곧 여름방학이지? 방학 때는 뭘 할 거야? 양로원 봉사는 어때? 타인에게 무언가를 해주는 것은 참 기쁜 일이야. 게다가 자신도 어른처럼 일할 수 있다는 사실을 알게 되면 기분이 좋지. 도움을 받는 노인들도 물론 좋아해. 아주 멋진 경험이 될 거야.

오늘은 할머니가 어렸을 때 이야기를 할게. 할머니는 어릴 때 버려진 강아지와 고양이를 자주 데려와 돌봤어. 그런데 너무 어린 나이에 버려져서 그런지 집에 데려와서 정성껏 보살폈지만 모두 죽고 말았지.

죽은 강아지와 새끼 고양이는 마당에 작은 구멍을 파서 묻었어. 그 위에 약간 큼직한 돌을 얹어 무덤을 만들었지. 무덤 앞에는 물을 담은 작은 병도 놓았어.

그때 할머니 나이가 5살인가 6살쯤이었을 거야. 8월의 햇볕이 뜨거운 어느 날, 무덤 주위에서 놀다가 우연히 무덤 앞에 바친 병 속의 물에 손을 넣었는데 미지근한 거야. 다음에는 돌을 만졌더니 타는 듯이 뜨거웠고 마지막으로 흙을 만졌더니 너무 시원했어.

순간, 나는 엄청난 것을 알아 버렸다는 생각에 와락 겁이 나서 방으로 뛰어 들어갔어. 그러고는 손님용 방석 사이에 머리를 박고 오들오들 떨었어. 감히 그 순간, 신의 비밀을 알아 버렸다고 생각한 거야. 그래서 그 일은 이후 아무에게도 말하지 않았단다.

리나라면 어떻게 했을 것 같아?

할머니가 자연의 신비에 처음으로 경외감을 느낀 순간이었어. 리나도 자연을 보고 느끼며 놀라움과 전율을 느껴 본 적이 있니?

10   물고기는 어떻게 개구리가 되었을까?

돌연변이 · 진화 · 폐어

리나에게.

매일 날씨가 너무 덥구나. 그러고 보니 곧 여름방학이네. 방학 계획은 세웠니?

오늘은 앞에서 말했던 어떻게 물고기에서 개구리가 되었는지에 대한 이야기를 해 볼게. 먼저 3억 5,000만 년 전으로 생각을 전환해 봐. 바닷속에 잉어 같은 물고기가 있다고 하자. 그때의 물고기는 턱이 없어서 먹이를 잘 못 먹었어. 네가 잠수복을 입고 바닷속에 있다고 상상해 봐. 물고기가 떼를 지어 먹이를 먹는 모습을 자세히 보니까 그중 한 마리만 효율적으로 재빨리

모든 생명은 아름답다. 너도 그래

먹이를 먹는 거야. 가까이 가 보니 그 물고기는 턱이 있어서 먹이를 씹어 먹을 수 있었지.

이 물고기에는 돌연변이가 일어나 목을 보호하는 뼈가 턱뼈로 변화했어. 돌연변이란 DNA 안의 염기라는 분자 배열이 달라졌기 때문에 새로운 성질을 가진 개체가 생기는 거야. 개체란 여기서는 물고기를 말해.

한 번의 돌연변이로 생겼을 수도 있고, 여러 번의 돌연변이에 의해 턱이 있는 물고기가 되었을 수도 있어. 지금은 아직 확실히 모르지만 머지않아 물고기의 턱이 어떻게 생겨났는지 밝혀질 거야.

턱이 있는 물고기는 먹이를 잘 먹을 수 있으니까 먹이가 적을 때는 턱이 없는 물고기보다 더 많이 먹을 수 있지. 그러니 먹이가 거의 없을 때, 턱이 없는 물고기는 죽어도 턱이 있는 물고기가 살아남기 쉬울 거야.

그런 일이 반복해서 일어나면 턱이 있는 물고기의 비율이 차츰 늘어나고 결국에는 턱이 있는 물고기만 남겠지.

자, 다음으로는 턱이 있는 물고기 가운데 아가미 바로 뒤쪽에 있는 소화관의 일부가 돌연변이로 폐가 된 물고기가 있다고 생각해 보기로 해. 아가미는 물속에 있는 산소를 얻기 위한 기관

이고, 폐는 공기 중의 산소를 얻기 위한 기관이야. 이것도 한 번의 돌연변이로 생겼는지 여러 번 돌연변이를 거듭한 결과인지 알 수 없어. 아마 여러 번의 돌연변이가 반복되어 생겼을 거야.

이 돌연변이를 일으킨 물고기는 물속에서 나올 수 있기 때문에 얕은 물에서도 먹이를 찾을 수 있겠지. 이건 생존에 유리한 돌연변이라서 폐를 가진 물고기는 점점 늘어났어. '폐어'라고 불리는 물고기가 있는데, 리나도 들어 본 적 있니?

이번에는 폐가 있는 물고기에서 지느러미 안에 뼈가 생겨 걸을 수 있는 물고기가 나왔어. 놀랍게도 이 물고기는 얕은 물이나 물이 마른 곳을 걸을 수 있어. 덕분에 걷지 못하는 물고기보다 유리하게 먹이를 구할 수 있었지. 이렇게 해서 돌연변이가 거듭되어 물속에서도 땅 위에서도 생활할 수 있는 개구리와 도롱뇽 같은 양서류가 생긴 거야.

정말 재미있지 않아? 할머니는 이 이야기를 무척 좋아해. 마치 신이 물고기 조각을 조금 손봐서 개구리를 만든 것 같지 않니? '이 뼈는 약간 길군. 조금 짧게 하자' 혹은 '이 정도면 될까?' 하고 열심히 손을 봐서 개구리가 만들어진 것 같아. 하지만 물고기를 개구리로 만들려고 의도한 사람은 아무도 없어. 그건 DNA의 염기 종류와 배열 방식이 달라졌기 때문에 색다른 성질의 물고기가 생겼고, 바뀌기 전의 물고기보다 환경에 잘 적응해서 새로운 성질을 가진 개체가 늘어난 것뿐이야.

　여기서 말하고 싶은 것은 동물의 진화 이야기야. 월리스(Alfred Russel Wallace)와 다윈(Charles Robert Darwin)은 다양한 동물이 생긴 이유로서 「진화론」을 발표했어. 그 후 다윈은 더욱 깊은 사색을 통해 다양한 저서를 발표했기 때문에 월리스보다 유명해졌지. 진화론에 대해서는 다음 편지에 쓸게.

11 부리가 큰 핀치들만 살아남았다

다윈·진화·자연선택·핀치

리나에게.

지난번 편지에서는 진화 이야기를 했지? 그래서 오늘은 진화론과 실제 자연계에서 자연선택이 일어나는 모습을 관찰한 핀치(참샛과의 작은 새)의 부리에 대해 이야기할게. 자연선택이란 자연에 적응하는 생물은 살아남고 그렇지 못한 생물은 사라지는 것을 말해.

다윈은 1809년에 태어나 1882년에 사망한 영국의 박물학자야. 처음에는 의학을 공부했는데 도중에 의학 공부를 접고 신학을 배웠지. 케임브리지대학 신학과를 졸업하자마자 비글호라는 해군 측량선에 박물학자로 승선했어.

1831년, 배는 영국을 출발해서 5년에 걸쳐 지구의 남반구를 돌았지. 그 사이에 다윈은 남아프리카의 동해안과 서해안, 인근 섬들, 뉴질랜드 등에서 지질과 동식물을 관찰했어. 그는 아르헨티나의 초원에서 출토된 화석과 지금 살아있는 생물을 비교해 어디가 다르고 어디가 같은지 조사했어. 또 갈라파고스제도라고 불리는 섬들의 동물들이 서식 장소에 따라 어떻게 변화하는지 알아봤지. 그 결과를 보고 그는 생물은 진화한다고 확신했어.

어떤 생물에 돌연변이가 일어나고, 그로 인해 그 생물이 돌연변이를 일으키기 전보다 살기 쉬워졌다고 하자. 그럼 돌연변이를 일으킨 생물의 수가 증가하고, 돌연변이가 없는 생물의 수는 차츰 감소한다는 것이 다윈의 생각이야. 돌연변이를 일으킨 생물이 자연에 선택되는 거지.

이런 일이 반복되면 원래는 하나였던 생물이 차츰 다른 종류가 되어 새로운 종(種)이 되겠지. 수컷과 암컷을 교배시켰을 때 새끼가 생기는 것을 같은 종이라고 하면, 처음에는 같은 종이던 것이 차츰 변화해서 다른 종이 되는 경우가 있어. 이것이 다윈이 발표한 진화론이야. 물고기에서 개구리가 되는 것은 지난번 편지에 썼는데, 그걸 떠올리면 진화론을 이해하기 쉬울 거야.

1859년, 다윈은《종의 기원(원제는《자연선택에 의한 종의 기원에 관하여》)》을 출간했어. 이 책은 생물의 진화에 관한 가장 중요한 책으로, 지금도 많은 사람에게 읽히고 있단다. 이 책이 발표되자 '신이 인간을 만들었다'고 믿는 사람들로부터 엄청난 비난을 받았어. 하지만 지금은 다윈의 생각이 옳다고 믿는 사람들이 많아졌지.

진화론 발표 후 다윈은 진화를 실험으로 증명할 수 없다는 것을 안타까워했어. 인간은 기껏해야 100년 정도밖에 살 수 없지만, 진화는 몇만 년에 걸쳐 서서히 일어난다고 생각했기 때문이야.

그 후 미국의 생물학 박사인 피터 그랜트(Peter Grant)와 로즈메리 그랜트(Rosemary Grant) 부부가 생물을 진화시키는 자연선택이 일어나는 것을 눈앞에서 목격했어.

그들이 관찰한 것은 다윈도 갔었던 갈라파고스제도의 생물들이었어. 갈라파고스제도는 크고 작은 섬을 합해서 20여 개의 섬들이 있어. 전부 화산섬인데 태평양 해저에서 솟아오른 화산의 끄트머리가 해면 위로 뚫고 나와 섬이 된 거야. 그랜트 부부는 그 가운데 작고 외떨어진 대프니메이저 섬에서 주로 연구했어.

피터 그랜트는 아내 로즈메리와 포획 상자에 걸린 핀치라는 새를 측정했어. 부리의 길이는 15.8mm, 높이 9.7mm, 폭 9mm 하는 식으로. 또 체중을 측정하고 좌우 다리에 색깔이 다른 고리를 끼워서 풀어 주었지.

이후 그곳에는 4년 정도 극심한 가뭄이 들었고 섬의 생물들에게는 가혹한 시련의 시기가 찾아왔어. 갈라파고스제도에는 총 13종의 핀치가 있었지. 그중 하나는 선인장핀치로 선인장꽃의 꿀을 빨아 먹거나 꽃과 꽃가루, 씨앗을 먹고 선인장 위에서 자는 녀석이야. 그 외에 도구를 사용하는 다윈핀치, 잎사귀를 먹는 핀치, 얼가니새를 부리로 쪼아 흘러나오는 피를 먹는 녀석도 있었어.

다윈도 물론 이들 핀치를 보았는데, 13종이나 되는 핀치의 생김새가 모두 달라서 각자 다른 종류의 새일 거라고 생각했기 때문에 핀치에게는 거의 흥미를 갖지 않았어.

지상에서 생활하는 핀치는 6종류가 있었어. 이것들은 몸도 크고 지상에 있어 관찰하기 쉬워서 그랜트 부부는 관찰 대상을 이들 6종류의 핀치로 좁혔어. 특히 그 가운데 3종, 큰땅핀치, 중간땅핀치, 작은땅핀치를 세밀히 조사했어.

핀치의 부리는 개체에 따라 크기가 달라. 개체 차이를 고려하면 부리의 크기로는 3종류의 구별이 되지 않고, 큰 것부터 작은 것까지 연속적으로 변화한다는 것을 알았지.

연속적이란 가령 중간땅핀치 중에는 대형인 큰땅핀치와 거의 비슷한 크기인 것, 소형인 작은땅핀치와 비슷한 정도의 작은 것도 있다는 거야. 중간땅핀치 중에서 가장 큰 것은 큰땅핀치의 가장 작은 녀석과 같은 크기로, 부리의 크기에 있어서도 마찬가지였어.

일반적으로 같은 종에 속하는 새는 거의 크기가 같아. 가령 멧새의 일종인 멧종다리(학명: Melospiza melodia)의 경우는 부리의 길이에 개체 차이가 거의 없어. 평균치에서 10%나 차이 나는 부리를 가진 개체는 1만 마리 가운데 4마리 정도뿐이야. 그런데 중간땅핀치의 윗부리 높이를 측정하자 평균치보다 10%나 차이가 나는 것이 3마리 중 한 마리였어. 이것은 지금까지 조류에서 측정된 수치 가운데 가장 변이가 많은 경우 중 하나야.

그랜트 부부는 땅핀치가 무얼 먹는지 4,000번이나 조사해서 핀치가 즐겨 먹는 씨앗, 나무열매, 곤충, 나뭇잎, 싹, 꽃을 알게 되었어. 갈라파고스제도에는 우기와 건기가 있어서 1년의 전반은 우기, 후반은 건기야.

그랜트 부부가 관찰을 시작했을 때는 앞에서 말했듯이 이미 4년 동안 극심한 가뭄이 계속되던 특별한 시기였어. 이 가뭄이 핀치의 생존에 어떻게 영향을 미치는지 조사하기로 결심했지. 그렇게 하려면 건기에 조사해야 한다고 생각해서 그랜트 부부는 다음 건기가 찾아올 때 다시 오기로 하고 일단 귀국했어. 이후 수개월 후에 다시 갈라파고스제도에 왔지. 그랜트 부부가 없던 동안에도 비는 내리지 않았어.

그런데 핀치의 체중을 측정해 보니 반년 전과 비교해 하나같이 줄어 있었어. 먹이도 이전보다 84%나 감소해서 남아 있는 것은 온통 크고 단단해서 먹기 어려운 것들뿐이었지.

핀치는 남가새(바닷가 모래땅에 서식하는 한해살이풀)의 열매도 먹는데, 겉에 가시가 있어서 안의 씨를 꺼내기 어려워. 그러나 달리 먹을거리가 없으면 이걸 먹을 수밖에 없어. 그런데 부리 길이가 11mm인 핀치는 남가새의 씨앗을 먹을 수 있었지만 부리 길이가 그보다 불과 0.5mm 짧은 핀치는 먹을 수 없었던 거야.

핀치의 부리 크기는 유전해서 다음 세대, 그 다음 세대로 충실히 이어진다는 사실을 알게 되었지.

살아남은 핀치는 작은 돌을 뒤집고, 용암을 뒤지고, 발가락으로 땅을 뒤적거리고, 갈라진 틈에 머리를 박아 가며 씨앗을 찾았어. 때로는 커다란 돌을 향해 머리를 부딪치고, 다리로 옆에 있는 돌을 굴려서 치웠어. 체중이 채 30g도 안 되는 핀치가

400g이나 되는 커다란 돌을 굴린 적도 있었지. 사람으로 치면 1ton이나 되는 커다란 바위를 굴린 셈이야. 하지만 그렇게 해서 돌을 치워도 반드시 그 밑에 먹이가 있다고도 할 수 없었지.

비가 내리지 않은 지 5년째, 1977년의 시작은 드디어 순조로 웠어. 여느 때처럼 1월 첫 주에 비가 내리기 시작했지. 대프니메이저 섬은 어린잎과 꽃으로 가득했고, 핀치들이 쉽게 먹을 수 있는 애벌레도 많이 증가했어. 이 시기에 중간땅핀치는 대략 1,000마리 정도가 있었고, 선인장핀치도 300마리 가까이 있었어.

첫 비가 내리자 몇 쌍의 선인장핀치가 짝짓기를 시작했단다. 그리고 선인장에 만든 둥지에서 무사히 알이 부화되었지.

중간땅핀치는 비가 좀 더 많이 내리지 않으면 번식을 시작할 수 없어. 그러나 비는 1월 첫 주에 내렸을 뿐이었지. 무사히 알을 깨고 나온 선인장핀치의 새끼들도 먹을거리가 부족했어. 결국 은 둥지를 떠나고 3개월도 지나지 않아서 모두 죽고 말았단다.

그랜트와 동료인 보그는 대프니메이저 섬이 아직 초록으로 풍성했던 1976년 3월부터 가뭄이 고비를 넘겨 선인장꽃이 피기 시작한 다음 해 12월까지의 가뭄에 대한 영향을 정리했어.

가뭄이 시작되자 섬에 있는 식물의 씨앗 수가 순식간에 감소하기 시작했어. 크고 단단해서 먹기 어려운 씨앗의 비율은 날이 갈수록 증가했지. 먹을거리가 감소하자 핀치의 수도 줄었어. 1977년 초에는 중간땅핀치의 수가 약 1,200마리였는데, 같은 해 말에는 180마리 정도가 되었지. 선인장핀치는 280마리 정도에서 110마리 정도로 줄었고, 작은땅핀치는 10마리였던 것이 한 마리가 되었어.

살아남은 것은 대부분 최연장 핀치였지. 중간땅핀치도 선인장핀치도 생후 1년 된 그들의 어린 새들 가운데 살아남은 것은 각각 한 마리씩뿐이었단다.

그랜트와 보그는 이번엔 핀치의 부리를 조사했어. 결과적으로, 크고 단단한 씨앗밖에 없었던 극심한 가뭄의 시기를 극복할 수 있었던 것은 몸집이 크고 부리도 두꺼운 핀치들이었어. 살아남은 핀치는 죽은 핀치보다 평균 5~6%나 몸집이 컸지.

살아남은 핀치는 부리 길이의 평균치가 11.07㎜, 죽은 핀치의 평균치는 9.96㎜였어. 둘의 차이는 1.11㎜로 불과 1㎜의 차이가 생사를 가른 거야. 수컷은 암컷보다 몸이 커서 주로 수컷이 많이 살아남았어.

가뭄이라는 위기에 핀치의 생사를 가른 것은 '지극히 작은 변이', 눈에 보이지 않을 정도로 미세한 크기 차이였지. 자연이 근소하게 큰 부리를 선택한 자연선택의 결과야. 핀치 부리의 크기는 유전이 되거든. 그래서 다음 세대의 새끼들은 죽어서 대가 끊긴 핀치의 부리보다 큰 부리를 갖게 되었지. 이렇게 혹독한 자연의 위기를 극복할 때마다 핀치의 부리는 점점 더 커졌어.

이런 일이 반복되면서 여러 세대를 거쳤을 때는 누가 봐도 진화의 방향을 알 수 있게 돼. 그리고 원래 개체에서 너무 달라지면 다른 종이 되지. 종이 다른 암수 사이에서는 새끼가 생기지 않거나 생겨도 정상적으로 성장할 수 없어.

이 핀치의 이야기는 조너던 와이어가 쓴 《핀치의 부리》에 실려 있단다. 글자가 작아서 읽기 어려울 수 있지만 읽어 보면 리나도 충분히 이해할 수 있을 거야. 모르는 부분은 신경 쓰지 말고 끝까지 읽어 봐. 어려운 책을 읽었다는 기쁨을 충분히 느낄 수 있을 거야.

다윈의 《종의 기원》도 절대 어려운 책이 아니야. 이런 귀한 고전을 읽는 것도 꽤 즐거운 일이지.

모든 생명은 아름답다. 너도 그래

12 후손을 남기기 위해 필사적인
생물들의 노력에 대하여

혼인비행 · 무성생식 · 유성생식

리나에게.

매일 뭐하며 지내니? 여름방학은 즐겁고 신나지만 금방 끝나. 그래서 개학이 가까워졌을 때는 허둥지둥하게 되잖아. "큰일이네! 아직 숙제를 다 못했어!"

이렇게 되지 않도록 처음부터 계획을 잘 세워서 생활해야 해. '그런 거 다 아는데, 할머니는 정말 잔소리꾼이야!'라고 생각하고 있니? 하하.

오늘은 생물이 어떻게 자손을 늘리는지 이야기해 줄게. 리나는 꿀벌의 혼인비행(곤충의 암수가 교미를 위해 섞여서 나는 것. 꿀벌은 여왕벌이 먼저 날아올라 자신을 뒤쫓는 수펄 중 한 마리와 공중에서 교미한다)을 아니? 할머니는 얼마 전까지 몰랐단다. 곤충을 좋아하는 남자아이라면 그런 얘기는 벌써 알고 있을 거야.

할머니가 생물학자라고 해서 생물에 대해 뭐든지 알 거라고 생각하지는 마. 호랑나비, 배추흰나비, 나방 같은 건 나도 딱 질색이야. 나비가 싫은 게 아니라 그 애벌레가 싫거든.

대부분의 생물은 수컷과 암컷이 있어. 수컷과 암컷의 생식세포가 결합하면(수정하면) 새로운 개체가 태어나지. 이런 생식 방식을 유성생식이라고 해. 하등한 동식물의 경우에는 무성생식을 하는 것도 있어. 수정을 하지 않고 증식하는 방법을 써. 가령 딸기가 땅 위를 기면서 자라는 기는줄기(땅 위로 길게 뻗으며 마디에서 뿌리가 나는 줄기)로 늘어나는 것은 무성생식이야.

꿀벌은 여왕벌과 암컷 일벌, 수펄이 있어. 여왕벌이 성충이 되면 딱 한 번 혼인비행을 하게 돼. 여왕벌은 혼인비행을 하는 동안 약 500만 개 정도의 정자를 받는데, 정자를 암컷의 몸에 사정한 수컷은 즉사하고 만단다. 반면에 여왕벌은 그 정자를 전부 사용할 때까지 살아. 정자는 여왕벌의 저정낭(貯精囊)에서 몇 년이나 살고, 그 사이에 여왕벌은 거의 노화하지 않는데 정자를 전부 사용해서 더 이상 수정란을 낳을 수 없게 되면 수펄에 의해 제거돼.

사마귀의 짝짓기도 아주 놀라워. 짝짓기란 수컷이 암컷의 몸 안에 정자를 주입하는 것을 말해.

암사마귀는 논이나 공터의 키 큰 잡초가 자라는 곳에 한 마리씩 흩어져 있어. 수컷은 그런 암컷을 찾아 헤매고 다니지. 사마귀는 서로 잡아먹기 때문에 수컷은 암컷에게 발견되어 먹히지 않도록 조심해서 암컷 뒤쪽으로 다가가.

암컷으로부터 30㎝ 정도의 거리가 되면 수컷은 갑자기 날아서 암컷 등에 올라타. 짝짓기가 끝나면 수컷은 죽음을 피하기 위해 재빨리 암컷에게서 떨어지지.

그런데 가끔 암컷이 뒤를 돌아보고 짝짓기 중인 수컷을 먹어치우는 경우가 있어. 수컷이 머리와 가슴까지 먹히는 와중에도 짝짓기는 그대로 계속된단다. 무시무시하지!

세균처럼 성(性)과는 관계없는 무성생식을 하는 편이 훨씬 간단할 텐데 대부분의 생물은 유성생식을 해. 유성생식은 무성생식에 비해 훨씬 복잡하고 어렵지만, 암수 결합에 의해 다양한 유전자 구성을 갖는 다양한 자손을 만들 수 있어서 다양한 환경에서 살아남을 수 있다는 장점이 있거든.

인간의 경우는 짝짓기라고 하지 않고 성교라고 해. 인간의 그

것은 수컷의 본능에 따르는 다른 종의 짝짓기와는 다르다고 생각하고 싶어. 약 38억 년 넘게 복사된 DNA가 여기서 처음 만나 새로운 유전 정보를 가진 아기가 태어나는 거야. 이렇게 신비로운 행위는 또 없을 거야. 인간의 경우는 애정이 뒷받침된 신비롭고 엄숙한 행위지.

여름방학 동안은 리나도 엄마를 도우며 많은 것을 배웠으면 좋겠다. 자신 있게 할 수 있는 요리가 생기면 할머니를 불러. 꼭 같게.

건강히 잘 지내라.

모든 생명은 아름답다. 너도 그래

13 38억 년 전의 편지

수정란·안드로겐·테스토스테론

리나에게.

친구랑 바닷가에 갔었다면서? 정말 재밌었겠다. 해수욕장은 사람들로 북적여서 뭔가를 깊게 생각할 수 없지만 인간에게는 마음속 깊은 곳에 언제나 물에 대한 향수가 있는 것 같아.

바다의 파도……, 졸졸 흐르는 시냇물……, 그런 것들에 마음이 이끌린 적 없니? 그건 분명히 우리가 바다에서 생겨나고 어머니 뱃속의 양수에 잠겨 있었던 것과 관계가 있다고 생각하는데, 네 생각은 어때?

엄마 뱃속에서 태아는 약 38억 년도 더 된 옛날부터 인간이 되기까지의 진화 과정을 반복해. 똑같이 반복하는 것은 아니지만 물고기, 개구리, 도마뱀, 닭, 인간은 처음에는 매우 비슷한 모양을 하고 있어. 그런데 발육하면서 각각 개성적인 몸의 형태가 되지.

인간 정자와 난자는 수정한 후 8주째에 이르면 다리 사이가 돌출하기 시작한단다. 곧이어 이 부분 양쪽에 한 쌍의 돌기가 나타나. 남자아이의 경우는 이 돌기가 둘 다 발육해서 음낭이 되고, 여자아이는 돌기 사이에 금이 생겨 질이 돼.

이 무렵이 되면 남자 아기(태아)에게선 안드로겐이라는 호르몬이 만들어져. 태아는 안드로겐이 없으면 모두 여자 아기가 돼. 안드로겐이 분비되어야 비로소 남자의 몸으로 분화가 시작되지. 안드로겐과 테스토스테론이라는 남성 호르몬이 남성을 만드는 거야.

남자 아기(태아)의 경우, 원시 고환은 수정 후 13주째에 복강 내에 생겨. 고환 안에서는 이미 정자가 만들어지기 시작하지. 여자 아기(태아)의 경우도 11주째에는 이미 난소가 생기고, 수정 후 4개월째에는 평생에 걸쳐 만들 수 있는 500만 개의 난자를 생성하는 난모세포가 생긴단다.

아마 리나가 4살 때쯤이었을 거야. "엄마가 어릴 때, 리나는 어디 있었어?" 하고 끈질기게 물어서 리나의 엄마를 난처하게 만들었던 적이 있었지. 엄마가 어릴 때는 말할 것도 없고 엄마가 할머니 뱃속에 있을 때도 리나는 이미 엄마의 뱃속에 있었단다. 그런데 그건 진짜 리나가 아니라 리나가 될 난자였지. '절반의 리나'라고 할 수 있겠다! 거기에 아빠의 정자가 수정되어서 진짜 리나가 생긴 거야. 네 뱃속에 이미 갓난아기의 절반이 있다고 생각하면 어때? 너무 신기하지?

아기는 유전 정보가 쓰인 38억 년 전의 편지를 갖고 뱃속에서 차례를 기다리고 있어.

다음 편지 때는 사춘기에 대해 말해 줄게.

건강히 잘 지내라.

모든 생명은 아름답다. 너도 그래

14 생리가 시작됐다!

여자아이 사춘기·호르몬과 성(性)

리나에게.

9월이 되어 버렸구나. 아직은 더운 날이 가끔 있지만 하늘 색깔을 보렴. 완연한 가을 색이야. 앞으로 한동안은 지내기 편하겠지만 사실 가을은 외로운 계절이란다. 가을에 피는 꽃은 눈에 띄지 않게 살짝 피지.

오늘은 사춘기에 대해서 말해 줄게. 사춘기는 에스트로겐이라는 여성 호르몬과 테스토스테론이라는 남성 호르몬에 지배받는 시기야. 사춘기는 어린이에서 성인이 되는 중간 시기지.

사춘기가 시작되는 시기는 사람에 따라 다른데, 주로 8세부터

18세 사이에 찾아 와. 보통은 여자아이가 남자아이보다 2년 정도 빠르지. 남자의 사춘기를 지배하는 호르몬은 테스토스테론이라는 남성 호르몬이고, 여자는 에스트로겐이라는 여성 호르몬이 작용해. '겨우 호르몬 하나가?'라고 깜짝 놀랄 만큼 많은 일이 일어나지. 오늘은 여자의 경우에 대해서 말해 볼게. 그 다음은 남자. 여자든 남자든 사춘기에 어떤 변화가 일어나는지 서로 아는 것이 좋다고 생각하거든.

어린이에서 성인이 되는 것은 몸에게도 마음에게도 아주 큰 사건이지.

여자아이는 갑자기 키가 크고 가슴이 볼록해지면서 허리가 잘록해져. 그래서 곡선을 띤 성인 여자의 몸으로 변하지. 성인 여자처럼 어릴 때는 없었던 털도 나고. 이 시기에 여드름으로 고민하는 일도 흔해.

여자의 경우는 뭐니 뭐니 해도 생리를 시작하는 것이 큰 변화일 거야. 생리는 자궁이 수정란을 받아들일 준비가 되었다는 신호야. 태아를 뱃속에서 키울 수 있게 준비가 다 됐다는 거지. 생리 시작 시기는 사람마다 다른데, 최근에는 영양 상태가 좋아서 옛날보다 빨리 시작돼. 호르몬은 몸무게를 기준으로 해서 생리를 언제 시작할지 정하거든.

모든 생명은 아름답다. 너도 그래

생리도 초반에는 규칙적이지 않아. 그러나 시간이 지나다 보면 거의 28일만에 한 번 하게 되지. 생리는 수정란을 키우기 위해 자궁이 준비한 조직을 몸 밖으로 버리는 현상이야. 조직이 허물어져 떨어져 나가 혈액 같은 것이 나오기 때문에 처음에는 놀라지. 아기가 생겼을 때는 조직을 버리지 않아도 되니까 생리를 하지 않게 돼.

'아기를 낳을 수 있는 어엿한 여성이 된다는 것'은 정말 멋진 일이지 않니?

사춘기가 되면 여자아이도 가족의 말에 툭하면 짜증을 내고 반항하고 싶어지지. 그리고 사람의 시선을 의식하고 자의식 과잉 상태가 돼. 모두 자기를 쳐다보는 것 같아서 '나만 다른 사람들과 다른 게 아닐까?' 하는 고민에 빠지기도 한단다.

그런데 그건 너만 그런 게 아냐. 사춘기 아이들은 많든 적든 다들 그런 기분을 느낀단다. 그러니까 불안하고 걱정스러우면 다른 아이들도 너와 마찬가지로 힘들다고 생각하렴. 이건 마치 애벌레가 허물을 벗고 아름다운 나비가 될 때와 같은 거야.

부디 사춘기 잘 보내고 멋진 어른이 되기를 바란다.

15 테스토스테론의 명령이야!

남자아이 사춘기·호르몬과 성

리나에게.

완연한 가을이다. 이젠 시끄럽던 매미 울음소리가 그치고 벌
레 우는 소리가 들려. 밤에 창문을 열면 이젠 쌀쌀할 정도야.
배, 밤, 고구마, 귤이 결실을 맺는 가을이 온 것을 실감 나게 해
주는구나. 마당에는 싸리가 피고, 작살나무 열매가 보라색이
됐어.

오늘은 남자아이의 사춘기에 대해서 말해 줄게. 할머니가 사
춘기였을 시절에는 아무도 남자아이의 사춘기에 대해 가르쳐
주지 않았어. 그래서 이성에 관심을 갖는 것은 여자아이뿐이라

모든 생명은 아름답다. 너도 그래

고 생각했지. 남자아이도 여자아이를 의식한다는 것은 결혼하
고 꽤 시간이 지난 후에야 알았어.

　그런 경험이 있기 때문에 할머니는 여자도 남자의 사춘기에
대해 알아야 하고, 남자도 단순히 호기심만 가질 게 아니라 여
자에 대해 알고 이해해야 한다고 생각해.

　무심코 달콤한 차 같은 걸 마시거나
　폼 잡으며 피아노 연주 같은 걸 들어 보거나
　어른이 아닌 듯한 아이가 아닌 듯한
　뭔지는 모르지만 빛날 수 있는 순간
　누군가와 사랑을 한다는 그런 때는 말하고 싶어
　샛노랗게 핀 여름의 해바라기
　군청색으로 저물기 시작한 저녁노을에
　아름다운 모양 아름다운 울림
　왠지 마음이 슬퍼져
　누군가의 사랑을 알고 나니 이해하게 된 블루스

　한 사람 한 사람의 블루스
　꽤나 애절한 블루스
　꿈꿀 준비가 됐다면 자, 푹 잠들자!

꿈에서 본 듯한 어른이란 느낌?
조금은 알게 된 것 같아

초원에서 빠르게 불어오는 밤바람
바위 위에 서서 어둠을 보고 있어, 라이온
우리는 걸어서 어디까지라도 갈 거야
뭔지 모르지만 세상을 벗어나
누군가를 만난다면
그것은 그래, 미라클!

멋진 색으로 거리는 휩싸여 조용히
분명 지금은 누구나 모두가 차분해져
하늘에 보이는 별 살짝 보이는 별
선명하게 반짝이는 아름다운 순간
누군가를 생각하면 완전히 멜랑콜리

몇천 가지 색 거리 위를 흘러
몇십 년이나 시간이 천천히 흘러가
우리는 걸어서 어디까지라도 갈 거야
뭔지는 모르지만 백발이 돼서

모든 생명은 아름답다. 너도 그래

누군가의 노래를 들으면 여름날은 마법

그리고 황홀하게 블루스 꽤나 애절한 블루스

방 정리가 끝나면

자, 조금만 춤추자!

꿈에서 본 듯한 어른이라는 느낌?

조금은 알게 된 것 같아

오자와 겐지 〈어른이 되면〉

(일본의 싱어송라이터인 오자와 겐지가 1996년에 발표한 노래-옮긴이)

남자아이의 사춘기는 급격한 성장으로 시작돼. 이건 대개 10세부터 16세 사이에 일어난단다. 옷도 신발도 금방 작아지지. 몸에 근육이 붙는데 스스로 근육 트레이닝을 하는 것은 조금 기다리는 편이 좋아. 몸은 아직 자리를 잡지 않았거든.

목소리 톤이 낮아지고, 전에는 없던 곳에 털이 자라.

그리고 자신도 놀랄 만큼 이성에 흥미를 갖게 되지. 여자아이를 생각하는 것만으로도 얼굴이 빨개져서 당황할 정도지. 하지만 그건 지극히 정상적인 현상이니까 전혀 걱정하지 않아도 돼. 테스토스테론이 명령하는 거야!

사춘기의 남자아이는 정자를 만들게 돼. 잠을 잘 때 정액과 정자가 밖으로 흘러나오는 사정(몽정)이 일어나기도 하지. 이것도 좀 더 성장하면 해결돼. 정상적인 현상이니까 걱정할 필요 없어.

지금은 성에 관한 정보가 넘쳐 나서 오히려 너를 혼란스럽게 만들 수 있어. 너는 지금 어린이에서 어른이 되는 전환기에 있다는 걸 정확히 인식해야 해. 딱히 초조해할 필요가 없어.

또 하나의 큰 변화는 기분이야. 흔히 반항기라고 말하는 것처럼 이 무렵의 남자아이는 자주 짜증을 내고 늘 기분이 안 좋지. 가족과도 자주 부딪치게 돼. 이것 역시 정상적인 거야. 반항기가 없는 것이 오히려 더 문제야. 이 반항기도 대부분 17, 18세가 될 즈음이면 별안간 없어져. 갑자기 철이 든 상냥한 아들로 돌아와서 엄마는 깜짝 놀라지.

이렇게 해서 남자아이도 여자아이도 아기를 가질 수 있게 된단다. 몸이 그렇게 되는 것은 물론이고, 마음도 상대를 자신보다 소중히 생각하게 돼. 애정이 싹 트는 거야. 그런데 이 시기의 애정이 '죽음이 두 사람을 갈라놓을 때까지' 계속될지 어떨지 잘 생각해 보자.

애정을 품게 만드는 호르몬은 처음엔 많이 분비되는데, 평생 그런 건 아니야. 결혼해도 머지않아 애정의 질은 변해 가지. 그래도 이 사람과 평생을 함께할 수 있을지 서로 잘 생각해야만 해.

동물은 강한 수컷이 많은 암컷을 거느리는 경우가 많지만 인간의 결혼은 법으로 일부일처제를 규정한 곳이 많아. 남편, 아내는 상대에게 한 명이어야 해.

인간이 다른 동물보다 장수하게 된 것은 아기가 상당히 미숙한 상태로 태어나기 때문에 아기를 키우기 위해서 폐경(생리가 없어지는 것. 더 이상 아기는 낳을 수 없어) 후에도 오래 살게 되었다고 해. 부모에게는 자식을 바르게 양육할 의무가 있지. 그래서 자신에게 그런 능력이 있는지 잘 생각해 보고 능력을 가질 수 있게 되기 전에 아기를 갖는 것은 삼가야 해. 또 고려해야 할 것은 아기를 키우기 위한 경제력도 포함돼.

당신의
그렇게 보드라운 배
그 배를 감싸고 있는 귀여운 허리뼈
우리의 아이를 낳기 위해
손가락으로 누르면
나긋나긋 쏙 들어갈 만큼
그렇게 보드라운 배

오르다 보면

머지않아
나의 흩어진 손가락을 흥분시키는
동그랗게 부푼 부드럽고 뾰족한 유방

있잖아, 우리들의 아기는 분명
젖은 듯한 숨은 그림의 새싹이 들어가 있고
머리카락은 좋은 냄새
어느 날 오전
푸른 식물들의 그림자가 흐트러지는 속에서
우리의 아이는
줄기에서 손가락 안쪽으로 기도하듯이 벗겨낸 가시를
침으로 콧마루에 붙이고
분명 양팔을 올려 우리들을 위협하는
작은 코뿔소!
있잖아, 그 침도 콧마루도 눈도 발도 모두
그 나긋나긋하고 부드러운 배에서 나왔지

눈을 감곤 하며 당신은 웃고
잠자코 있는 당신의 머리는
목에서 톡 꺾이고

그 무게는

들어 올리는 나의 양손바닥에 협력하지

가와사키 히로시(시인·방송작가) 〈당신에게〉

　호르몬은 정말 신기해. 호르몬이 작용하면 로미오와 줄리엣처럼 절대 용서할 수 없는 상대에게도 마음을 불태우게 되거든. 이성이 전혀 작동하지 않게 되는 거야. 그러니 호르몬이 너를 잘못된 길로 가게 만드는 걸 막을 수 있게 이성을 발휘해야 해. 에스트로겐과 테스토스테론이라는 작은 분자에 어떻게 이런 작용이 가능한지는 아직 잘 모르지만, 알게 될수록 참 신기한 일이야.

　아기는 약 38억 년이라는 아주 오랜 옛날부터 이어진 편지를 갖고 온단다. 38억 년이라는 시간의 무게를 생각해 봐. 아기는 그렇게 신비하고 소중한 존재야.

16 우리는 왜 죽을까?

노화·죽음

리나에게.

리나가 3살 때, 다니던 유치원 부원장 선생님이 돌아가셨어. 원아와 엄마들이 선생님의 유해와 대면했지. 너도 줄을 섰어. 네 뒤의 남자아이가 큰 소리로 말하면서 줄을 흐트러뜨렸는데 그때 너는 엄마에게 이렇게 말했어.

"쟤, 조용히 안 하면 부원장 선생님이 눈을 번쩍 뜰 거야."

3살짜리 아이로서 이런 건 평범한 반응이야. 어린아이가 죽음을 이해하기는 무척 어려워. 시간이 지나면 다시 눈을 뜨거나 언젠가 돌아올 거라고 생각해.

모든 생명은 아름답다. 너도 그래

9세 정도까지는 죽음을 진짜 이해하지는 못해. 10세 이상이 되면 어른과 거의 같은 수준으로 죽음을 이해할 수 있게 돼. 그래서 가까운 사람의 죽음을 슬퍼하게 된단다.

자신의 죽음에 대해서는 어떨까?
그것을 실제 일어나는 일로 생각하기는 어려울 수 있어. 그래도 아이는 어릴 때부터 자신의 죽음을 생각하고 있을지도 몰라. 백혈병에 걸린 어느 아이가 쓴 글을 보면 자신의 죽음을 선선히 받아들이는 것 같아.

네 엄마는 3살 무렵에 매일 밤 "나는 죽는 게 너무 무서워" 하고 울먹거려서 이 할머니를 당황하게 했단다. 너무 그래서 유치원 간담회 때 선생님에게 물었지. 그랬더니 3살 아이가 죽음을 무서워하는 것은 그리 특별한 일이 아니라는 거야. 엄마는 그림책이나 다른 뭔가에서 죽음이란 걸 알게 됐던 모양이야.

10세 정도가 되면 죽음을 이해할 수 있다고 했는데, 그때의 고민은 죽을 때 고통스럽지 않을까, 혹은 가까운 사람과의 이별이 너무 힘들 것 같다는 그런 것들이야. 그런데 10세가 넘어 자아(自我)가 확립되면 자신이 이 세상에서 사라지는 것에 대한 공포를 느낀다고 해.

자아가 뭔지 말로 설명하기는 어려운데, 사전을 보면 "시간의 경과와 다양한 변화를 통해 자기동일성을 의식한다"고 쓰여 있어. 인식, 감정, 의지, 행위의 주체로서의 자신을 자아라고 해. 이런 자아가 확립되는 것이 20세 이후라서 그때 비로소 인간은 어엿한 어른이 되는 거야. 20세 이전의 청소년은 자기라는 감각이 아직 약하지.

죽는다는 것은
모차르트를 들을 수 없게 되는 것이다

아인슈타인이 그렇게 말했다고 한다
나는 그 책을 읽지 않아서
표현이 틀렸을지도 모른다

산다는 것은
모차르트를 들을 수 있다는 것이다
무엇을 들을까 고르는 데 망설이다
오늘 밤도 잠시 혼자 듣는다

이 깊은 기쁨
이 커다란 행복

살아있는 동안 살아있는 한

오키 미노루(시인.《칠십의 여름》,〈모차르트〉)

우리는 왜 죽을까?

지구에 생명이 생겨나고 약 38억 년 동안 세포는 분열을 계속했어. 38억 년이라는 긴 시간 동안 끊어지지 않고 이어지면서 진화한 생명을 생각해 보렴. 그 사이에 삶뿐만 아니라 죽음도 진화했지.

세포는 영양 상태가 나쁘거나 환경이 나쁘면 죽어 버려. 인간도 아사하거나 동사하잖아. 생물은 아주 섬세해. 이런 수동적인 죽음, 어쩔 수 없는 죽음 외에 더 적극적인 죽음이 있단다.

적극적인 죽음이란 세포가 아직 살아갈 힘을 충분히 갖고 있는데 죽어 버리는 것을 말해. 가장 알기 쉬운 예가 손가락, 발가락이야. 일단은 둥근 덩어리처럼 만들어지는데, 손가락 사이에 해당하는 세포가 죽어서 다섯 손가락이 만들어지지. 세포의 자의적인 죽음을 '아포토시스(Apoptosis)'라고 해.

이런 세포의 죽음이 시작된 것은 생명의 역사 속에서, 생명이 탄생하고 얼마 되지 않은 단세포 시대부터 있었던 것으로 보여. 그 시대는 아직 자외선이 강했다는 점을 떠올려 봐. 자외선에 의해 DNA가 손상되거나 그 외의 이유로 손상되었을 때는 그런 세포를 서둘러 세포 집단에서 제거하지 않으면 손상된 세포가 점점 늘어나게 돼. 그래서 이런 세포를 생명의 흐름 속에서 찾아내어 스스로 죽게 하는 거야. 자살 명령을 내리는 유전자도 있지. 이런 것을 통해 생명의 역사 속에서 죽음의 시작을 볼 수 있단다.

다세포 생물의 경우는 각각의 세포에 수명이 있어. 그래서 몸 전체는 살아있어도 몸 안에서는 많은 세포가 죽어. 그리고 새로운 세포가 죽은 세포를 대신하지.

우리는 나이가 들어 죽기 때문에 노화와 죽음은 이어져 있다고 생각하는데, 다른 생물을 보면 노화라는 것이 없는 경우도 있어. 이미 말했던 꿀벌과 사마귀는 한창 청춘일 때 즉사해.

세균은 2개로 분열하고, 그것이 다시 2개로 분열하면 4개가 되고 거기서 다시 분열하면 8개가 되는 방법으로 증식해. 그래서 집단에서 배제해야 하는 세포를 죽여도 문제는 일어나지 않아. 이런 단세포 생물은 많이 증식해서 나쁜 세포는 죽이는 방법을 취하는 거지.

그럼 다세포 생물은 어떨까? 가령 다리의 세포를 세균이 늘어나는 방식으로 점점 늘려서 그 가운데 건강한 세포만 골라

낼 수 있을까? 그래서는 다리 모양을 유지할 수 없어. 다세포 생물은 이 방법을 쓸 수 없어. 그럼 다세포 생물은 어떤 전략을 세웠을까?

다세포 생물은 생식 세포에만 세균처럼 많이 증식해서 나쁜 것을 버리는 체계를 남기고, 나머지 몸은 일대(一代)에 죽여서 배제해 버리는 방법을 취했어. 만약에 80년을 살게 되면 세포 안의 DNA에는 많은 복사 오류와 상처가 쌓일 거야. 그런 DNA를 다시 사용하면 장기적으로 봤을 때 인류에게 계속해서 이상한 DNA가 쌓이겠지. 상처 난 DNA를 계속 사용하는 것은 결국 인류의 멸망으로 이어질 거야. 그런 의미로 보면, 인류라는 집단을 건강하게 유지하기 위해서는 죽음의 단계가 꼭 있어야만 하는 거야.

우리가 죽는다고 말하는 것에는 이런 의미가 있어. 생물학적으로 이런 의미가 있다는 것을 알아도 여전히 죽는 것은 두렵고, 가까운 사람과의 영원한 이별은 슬프지. 그러나 아무리 과학이 발전해도 인간을 불사의 존재로 만들 수는 없을 거야.

죽은 치에코가 병에 담가 놓은 매실주는
10년의 무게에 묵직이 가라앉아 광채를 띠고
호박 술잔에 엉겨 붙어 마치 구슬 같다

홀로 맞는 이른 봄, 밤기운 쌀쌀할 때

이걸 드세요, 라고

자기 죽은 후에 남겨질 사람을 걱정한다

자기 머리가 망가진다는 불안에 내몰리고,

곧 제구실을 못하게 된다는 슬픔에

치에코는 신변을 정리했다

7년의 광기는 죽어서야 끝이 났다

부엌에서 찾아낸 이 매실주의 향미를

나는 조용히 조용히 음미한다

미쳐 날뛰는 세상의 외침도

이 순간을 넘보지 못한다

가련한 한 생명을 들여다볼 때

세상은 단지 이것을 멀찍이 둘러쌀 뿐이다

밤바람마저 고요하다

다카무라 고타로(시인, 조각가.《다카무라 고타로 시집》,〈매실주〉)

모든 생명은 아름답다. 너도 그래

17 지구의 탄생을 상상해 본 적 있니?

우주·쿼크·원자·빅뱅

리나에게.

리나는 시를 좋아하니? 할머니는 시를 정말 사랑해. 아동
문학가로도 유명한 오사다 히로시라는 시인이 있어. 오늘은
그분의 〈처음에〉라는 시를 알려 줄게.

별이 있었다
빛이 있었다
하늘이 있고 깊은 어둠이 있었다
끝이 없는 것이 있었다

물, 그리고 바위가 있고
보이지 않는 것, 대기가 있었다

구름 아래 초록색 나무가 있었다
나무 아래 숨 쉬는 것들이 있었다
숨 쉬는 것들은 마음을 갖고
살아있는 것은 죽는다는 것을 알았다
한 방울의 눈물에서 말이 자라났다

그렇게 해서 우리들의 이야기가 자라났다
흙과 함께 미생물과 함께
인간이란 무엇일까, 하는 물음과 함께
침묵이 있었다
우주 한 구석에

　그동안 할머니가 리나에게 보낸 편지를 잘 읽었다면 이 시를
금방 이해할 수 있을 거야. 지금까지는 생명에 대해 말했는데,
이제 조금 욕심을 부려 우주와 지구의 탄생에 대한 이야기도
해볼게. 그렇게 하면 생명의 탄생에 대해 더 깊이 이해할 수 있
을 거야. 이 〈처음에〉라는 시도.

　　　　　　　　　　　　　　　모든 생명은 아름답다. 너도 그래

오늘은 우리가 살고 있는 지구가 어떻게 생겨났는지 말해 줄게. 리나는 우주가 무엇인지 알고 있니? 우주는 우리가 살고 있는 천지사방이야. 우리는 우주 안의 지구라는 별에 살고 있지.

우주는 약 138억년 전에 생겼다는데, 아무도 본 사람이 없기 때문에 정말인지는 알 수 없어. 여러 가설 가운데 빅뱅이란 것이 있어.

그 가설에 의하면 지금으로부터 약 138억 년 전, 캄캄한 어둠 속에 작은 불덩이가 나타나 대폭발을 일으킨 거야. 이 불덩이는 엄청나게 뜨거워서 그 온도가 무려 100,000,000,000,000,000,000,000,000,000,000℃(10^{32}. 1구)나 됐어. 불덩이 안에는 우주에 있는 다양한 물질을 만드는 재료가 많이 담겨 있었지.

쿼크는 지름이 0.0000000000000001㎜보다 작은 입자야. 일반 현미경은 물론 전자 현미경으로도 보이지 않아. 그런 입자가 있다는 것을 누가 알아냈을까? 그런 연구는 물리학에서 이루어져.

우리 주변의 물질을 만드는 입자로, 더 이상 분해할 수 없는 물질을 그리스 시대의 어느 사람이 '원자'라고 불렀어. 그런데 연구가 거듭될수록 원자 역시 더 작은 입자로 나눌 수 있다는 것을 알았지. 그런 입자 중 하나가 쿼크야. 온도가 떨어졌다고는 해도 우주의 온도는 아직 높아. 쿼크는 충돌하고 서로 결합하고 분리되는 등 활발하게 운동하고 있어.

빅뱅이 일어나고 0.00000000001초가 지났을 때 '전자'라는 입자도 나타났어.

빅뱅이 일어나고 0.000001초가 지나자 온도는 더욱 떨어져서 1,000억℃ 정도가 되었어. 그러자 쿼크가 3개씩 결합해서 양자와 중성자라는 입자가 만들어졌지. 그래서 양성자, 중성자, 전자 등이 걸쭉한 수프 같은 우주 안에 채워졌어. 이 무렵이 되면 빛도 나타나. 빛도 입자야. 그리고 빛은 파동의 성질도 갖고 있어. 17세기에 네덜란드의 물리학자인 하위헌스(Christian Huygens)는 여러 방법으로 빛의 성질을 연구해서, 빛이 파동이라고 생각하면 그 성질을 쉽게 설명할 수 있다고 했지.

그런데 빛의 성질을 좀 더 조사했더니 빛은 아무것도 없는 진공에서도 진행한다는 것을 알았어. 진공에서도 전달된다는 점에서 빛은 전기장이나 자기장의 파동, 즉 전자파라고 생각하게됐지. 그 후 아인슈타인(Albert Einstien)은 빛을 입자라고 생각하면 다양한 빛의 성질이 설명된다고 밝히며 빛의 요소가 되는 입자를 '광양자'라고 불렀어. 이렇게 해서 빛은 파동과 입자 양쪽의 성질을 갖는 걸로 알려져 있어.

빅뱅이 일어나고 1초~3분이 지나자 우주의 온도는 100억℃~1억℃ 정도 내려갔어. 온도가 떨어지자 양성자와 중성자가 결

모든 생명은 아름답다. 너도 그래

합해 덩어리를 만들게 되었지. 두 개의 양성자와 두 개의 중성자가 결합한 덩어리를 헬륨의 원자핵이라고 해.

빅뱅은 계속되어서 우주는 점점 더 팽창했어. 빅뱅이 일어나고 약 30만 년이 지나자 온도는 3,000℃ 정도가 되었지. 이 정도의 온도가 되면 헬륨의 원자핵이나 양성자가 전자와 결합할 수 있게 돼.

헬륨의 원자핵과 두 개의 전자가 결합한 것이 헬륨 원자야. 원자는 가운데 원자핵이 있고 그 바깥에 전자가 돌고 있는 구조를 갖고 있어. 예전에는 원자는 더 이상 나눌 수 없다고 여겼었는데, 이후 양성자와 중성자, 전자라는 입자로 다시 나눌 수 있다는 사실을 알게 됐지.

하나의 양성자 주위를 하나의 전자가 돌고 있는 원자를 수소 원자라고 해. 수소 원자도 양성자와 전자로 나눌 수 있어. 수소 원자의 지름은 0.0000001mm 정도야. 빅뱅은 약 138억 년 전에 일어났지만 우주는 지금도 여전히 팽창 중이야.

한 번 상상해 봐. 칠흑 같은 어둠 속에서 갑자기 작은 불덩이가 나타났고 그 안에는 물질의 재료가 되는 입자가 가득 담겨 있었어. 그 불덩이는 엄청난 기세로 폭발해 점점 팽창했지. 우리는 이 불덩이 상태의 우주 안에서 생겨났어.

우주는 언제까지, 얼마나 팽창할까? 우주를 연구하는 사람

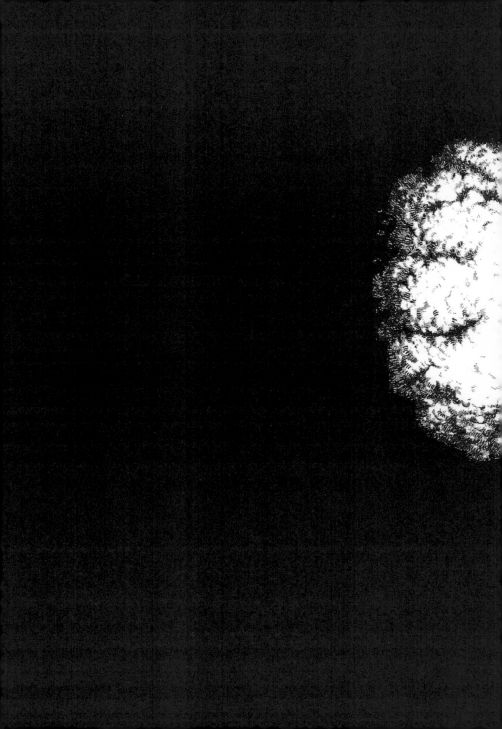

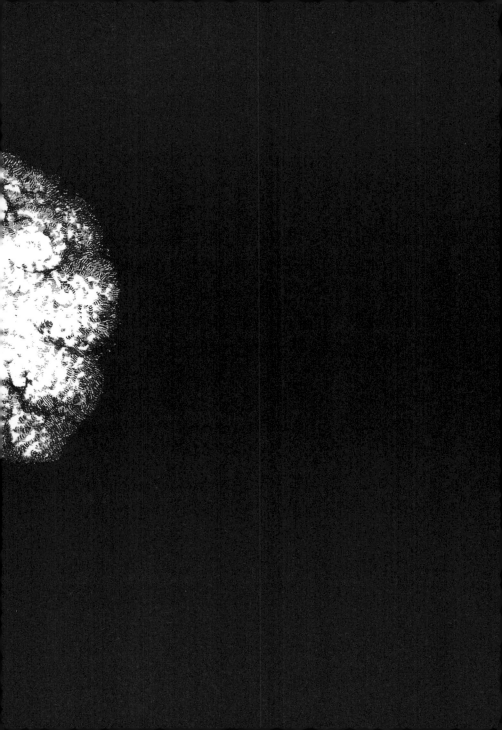

들은 우주에도 끝이 있다고 해. 물론 지금 당장 끝나는 것은 아니지만.

그 무렵 헬륨 원자와 수소 원자가 모여 자욱하게 안개가 꼈어. 그 안개는 헬륨 원자와 수소 원자로 된 가스야. 가스 상태로 퍼졌기 때문에 안개처럼 보이는 거지. 얼마쯤 지나자 그전까지는 똑같았던 가스 안에 진한 곳과 옅은 곳이 생겼어.

진한 곳은 원자가 더 많이 모여 있는 곳이야. 원자끼리 서로 끌어당기는 힘, 중력이 있기 때문이지. 무거울수록 중력이 강해서 일단 덩어리가 만들어지기 시작하면 그 주위의 원자가 끌려가게 돼. 이렇게 해서 은하가 생기는 거야.

그리고 은하 안에서 별이 생겨. 은하 안에서도 커다란 덩어리에 작은 덩어리가 결합해 별이 되지. 이 무렵은 이미 빅뱅으로부터 몇 억년의 시간이 흘렀을 때야.

빅뱅이 일어나고 약 4억 년이 지나면 별이 많이 생기는데, 별도 결국은 점점 나이가 들어 폭발해서 사라진단다. 그렇게 되면 그전까지 별을 형성했던 입자는 폭발로 우주 공간에 흩어지고 그 조각은 다시 새로운 별의 재료가 돼.

다시 몇십억 년이라는 세월이 흘러 우리가 사는 은하계가 생겼어. 그 은하계 안에서 격렬하게 가스들이 뭉쳐서 태양이 되고 그 주위를 수성, 금성, 지구, 화성, 목성, 토성, 천왕성, 해왕성이 돌게 됐어. 태양을 중심으로 한 이 한 무리의 천체를 태양계라고 해.

지구는 약 46억 년 전에 생겨났어. 빅뱅이 일어나고 약 100억 년 후야. 지구 주위에는 달이라는 또 하나의 천체가 돌고 있는데 달이 언제 생겼는지는 아무도 정확히 몰라.

갓 생겨난 지구에는 작은 별의 조각(미행성체)들이 격렬하게 충돌해. 그때마다 지구는 우주를 향해 열을 방출하고 지구 내부에 들어 있는 가스가 증발됐지.

이 가스에는 수증기, 수소, 일산화탄소, 이산화탄소, 질소 등의 분자(원자가 모여 생긴 것)가 포함되어 있어. 그 외에도 몇몇 종류의 분자를 포함한 가스가 뜨거운 지구로 인해 엄청난 수증기와 함께 피어올랐지.

이 무렵 지구의 온도는 1,000℃ 이상으로, 다양한 분자를 품은 가스에 싸여 있었어. 이런 지구에 미행성체가 충돌하면 열이 나는데 가스가 있기 때문에 열이 도망가지 못해. 이렇게 해서 지구는 더욱 뜨거워졌어.

이 열 때문에 지구는 걸쭉하게 녹아 마그마의 바다가 됐지. 마그마의 바다는 깊이가 1,000~2,000㎞로, 지구 전체가 화산의 용암으로 덮인 것 같았어.

마그마는 수증기를 흡수하는 성질을 갖고 있기 때문에 마그마가 많아지자 지구를 둘러싸고 있는 가스 안의 수증기가 마그마에 흡수되었어. 이렇게 해서 주위의 가스가 줄면 지구의 열은 도망가기 쉬워져서 온도가 떨어지고, 마그마가 식게 돼. 마그마가 식으면 수증기를 흡수할 수 없게 되니까 다시 가스가 증가하지. 이런 과정을 반복하면서 지구 표면의 온도와 지구를 둘러싼 가스의 양이 균형적으로 안정을 이루는 상태가 됐어.

이윽고 지구에 충돌하는 미행성체도 적어져서 지구의 온도는 더욱 떨어졌어. 지구 표면이 식자 그전까지 수증기의 분자로 떠 있던 물 분자가 비가 되어 내렸지. 비는 몇만 년이나 계속 내렸고, 그렇게 해서 지구에는 바다가 생겼어.

지금으로부터 약 45억 년 전, 아직 갓 생겨난 지구의 상태를 상상해 보자. 아직 온도가 높아서 바다는 펄펄 끓어올랐어. 여기저기서 번개가 번쩍거리고 천둥이 쳤지.

바닷속에는 미행성체에 포함되었던 분자와 원자가 많이 있어. 번개의 에너지, 지구의 열에너지, 우주에서 쏟아지는 에너지가 많았어.

이런 바닷속에서 생명이 생겨났어. 지금으로부터 약 38억 년에서 약 40억 년 전의 일이야. 어때? 지구가 생기기까지의 과정

모든 생명은 아름답다. 너도 그래

이 정말 놀랍지 않아? 크게 말하면 이것도 생명의 역사와 관계가 있어.

우주에서 우리는 아주 작은, 있어도 없어도 무관한 존재야. 하지만 나는 지금까지도 앞으로도 오직 자신 한 사람이지. 우리는 약 38억 년이 걸려서 만들어진 거야. 그리고 80년 정도의 수명이 주어졌지. 너도 네 주위의 사람도 모두 그래. 그런 사람들과 만난 것은 기적 같은 일이야. 그러니까 우리, 만남을 소중히 여기자. 그 사람과 만난 것은 이렇게 오랜 생명의 역사 속에서 같은 때, 같은 장소에 함께 있다는 것은 정말 놀라운 기적이야.

18 무섭게 발전하는 과학 기술에서 꼭 지켜내야 할 것들은 무엇일까?

원자력 · 복제인간

리나에게.

할머니는 매일 리나를 생각하며 언제나 네가 행복하기를 기도한단다.

할머니가 3살 때 제2차 세계대전이 일어났어. 전쟁은 날이 갈수록 심해져서 할머니와 할머니의 엄마, 그리고 할머니의 남동생은 어두운 밤에 강가 풀숲에 숨었지. 할머니의 아버지는 학생들을 데리고 폭탄 만드는 공장에서 일했어.

할머니의 엄마는 도망갈 때면 언제나 청산가리라는 강한 독약을 갖고 있었어. 만일 적이 가까이 오면 애들에게 청산가리

모든 생명은 아름답다. 너도 그래

를 먹이고 자신도 죽을 작정이었던 거야.

1945년, 할머니가 7살 때 전쟁은 끝났고 일본이 졌어. 승리한 나라인 미국이 일본에 무슨 짓을 할지 아무도 알 수 없었어. 전쟁에서 패한 나라는 무슨 일을 당해도 어쩔 수 없다고 생각했지.

그런데 우리의 걱정과는 반대로 미국은 매우 친절했어. 영양 상태가 안 좋은 아이들을 위해 학교 급식을 시작해서 영양가 있는 음식을 먹여줬지. 여러 나라에서 헌 옷도 많이 보내왔어.

그리고 무엇보다 감동적이었던 것은 일본이 헌법 제9조를 통해 "더 이상 전쟁은 하지 않는다"는 맹세를 했다는 거야. 할머니 친구들 중에도 아버지가 전쟁으로 죽은 아이들이 아주 많았단다.

할머니가 어릴 적에는 텔레비전도 세탁기도 냉장고도 전자레인지도 전기밥솥도 없었어.

그런데 이후 열심히 일해서 일본은 차츰 풍요로워졌고 다른 나라의 주목을 받게 됐어. 그렇게 되기 시작할 무렵에 리나의 엄마가 태어났고, 리나가 태어났을 때는 풍요로운 나라였지. 물건은 풍족하고 맛있는 음식도 얼마든지 먹을 수 있었어. 예쁜 옷과 신발도 얼마든지 있었단다. 엄마도 리나도 산다는 것은 이런 풍요 속에서 사는 거라고 생각할 거야.

그러나 인터넷 등의 미디어를 보면 알 수 있듯이 가난한 나라도 많아. 먹을 것이 부족해서 죽어가는 아이들, 돈이 없어 약을 사지 못하고 죽어가는 사람들도 많단다.

일본은 과학 기술을 사용해 밑바닥에서부터 다시 일어났어. 하지만 히로시마, 나가사키에 떨어진 원자폭탄도 과학 기술의 부산물이야. 과학 기술은 잘 사용하면 우리에게 도움이 되지만 잘못 사용하면 뜻밖의 해를 입게 돼.

지금도 미국과 러시아에는 원자폭탄이 많아서 버튼 하나만 누르면 상대 국가를 산산조각 내버릴 수 있어. 모두가 사람을 죽이는 것은 나쁜 짓이라는데 왜 사람을 죽이는 기계는 만들어지는 걸까? 너희가 어른이 되었을 때는 부디 자기 나라만 생각하지 말고, 지구를 평화롭고 아름다운 별로 만들도록 힘껏 노력해 줬으면 좋겠어.

우리가 주의하지 않으면 안 되는 과학 기술은 일상 속에도 많아. 가령 우리는 전기에 의지해서 생활하지. 지금 갑자기 4시간 동안 정전이 발생하면 어떻게 될까? 도로의 신호등을 사용할 수 없으니까 자동차가 다니기 어렵겠지. 지하철도 운행할 수 없을 거야. 전등도 켤 수 없어. 밥도 지을 수 없고, 텔레비전도 볼

모든 생명은 아름답다. 너도 그래

수 없어. 유선전화도 연결되지 않고, 겨울이라면 추워서 몸이 얼겠지.

이렇게 전기는 중요하지만 우리는 그 전기를 만들기 위해 원자력도 사용하고 있어. 그로 인해 방사성 폐기물이 생기는데, 방사능을 방출하는 물질은 우리 몸에 치명적이야. DNA를 손상시켜서 돌연변이를 일으키거든. 돌연변이에는 그 생물에게 유리한 돌연변이와 불리한 돌연변이, 좋지도 나쁘지도 않은 돌연변이가 있어. 그중 불리한 돌연변이가 눈에 띄기 쉽지.

이런 폐기물을 어떻게 처리해야 하는지도 모른 채 우리는 계속해서 모아 두고 있어. 이 '무서운 청구서'는 언젠가 너희에게 갈지도 몰라.

또 있단다. 우리가 식기 등에 사용하는 플라스틱에서는 내분비교란물질(환경호르몬)이 발생해. 이 물질이 무서운 것은 호르몬과 유사하기 때문에, 우리 몸 안에서는 자신의 호르몬이 적절한 농도로 분비되어 작용하는데도 그것을 뒤흔들어 엉망으로 만들어 버리는 거야.

태아가 엄마 뱃속에 있을 때 태아의 뇌 신경세포는 길게 자라서 신경회로를 만들어. 정상적인 경우에는 에스트로겐이라는 여성 호르몬이 신경세포가 자라는 것을 돕지. 그런데 태아의 뇌가 만들어질 때 에스트로겐과 비슷한 역할을 하는 내분비교란물질의 영향을 받으면, 뇌의 신경회로가 제대로 형성되지 않아서 이상한 아기가 태어날 수도 있어.

또 내분비교란물질이 생식기의 발달을 방해해서 새끼를 갖지 못하거나 태어난 새끼가 성장하지 못하고 죽어 버릴 수도 있지. 이것은 동물에게 관찰된 결과인데, 사람의 경우도 최근 정자의 수가 절반으로 감소하고 있다는 연구 보고가 있어.

태어나는 아기의 수가 줄고, 태어난 아기 중에 이상이 있는 아기의 비율이 극단적으로 증가하면 인류의 존속은 위태로워지지.

최근의 과학 발전에서 가장 큰 성공은 인간 DNA의 염기서열을 전부 해독한 거야. 글자가 늘어서는 순서만 알았을 뿐 여러 유전자의 기능은 앞으로 연구하겠지만(인간 유전체의 모든 염기서열을 해석하려는 인간 유전체 프로젝트는 1990년에 시작되어 2003년에 완료되었는데, 30억 쌍의 DNA 중 8%는 해독하지 못했다. 이후 2022년 4월, 국제공동연구팀이 나머지 부분을 완전히 풀어내는 데 성공했다-옮긴이), 좋아하는 유전자를 편집해 아기를 만드는 날도 멀지 않았다고 기뻐하는 연구자도 있어. 그렇지만 할머니는 그런 일은 절대 해선 안 된다고 생각한다.

복제인간을 만들자는 움직임도 있어. 복제인간을 만들기 위해서는 아직 수정이 안 된 난세포의 핵을 제거하고 대신 어른 체세포의 핵을 이식해. 그걸 자궁 안에 넣어서 태아를 키우는 거야. 그렇게 태어난 아기는 체세포를 제공한 어른과 똑같은 유전자를 갖게 돼.

복제인간을 만드는 기술과 앞에서 말한 유전자 편집 기술을 합하면, 자신과 똑같은데 머리가 엄청 좋다거나 야구를 엄청 잘하는 사람을 만들 수도 있을 거야.

너희 세대에는 인간의 지혜를 부디 좋은 쪽으로 사용해서 행복하게 살기 바란다. 그게 할머니가 진심으로 바라는 거야.

II

생명은 빛난다

19 매미의 길고도 짧은 삶의 신비에 대해

매미·진동막

리나에게.

얼마 전까지만 해도 더운 날이 계속됐는데, 오늘은 조금 선선해서 마음에 여유가 생기는구나. 리나는 더울 땐 수영장에 가겠지? 이제는 잘 헤엄칠 수 있어?

오늘은 아침 먹고 멍하니 테이블에 앉아 있는데 갑자기 주위가 시끄러운 거야. 왜 그랬는지 아니? 글쎄, 까마귀가 찾아왔지 뭐니!

그때 그전까지 매화나무에서 매미 한 마리가 "맴맴맴매~" 하고 요란하게 울었어. 커다란 까마귀가 매화나무 가지에 앉아

모든 생명은 아름답다. 너도 그래

서 매미를 잡고 있었던 거야. 다른 매미는 얼른 날아갔지. 까마귀는 날아간 매미를 쫓았지만 공중에서는 제대로 잡을 수 없어서 포기하고 말았단다. 그러고 나서는 맞은편에 있는 TV 안테나 위에서 날개를 정리하기 시작했지. 한 바탕 소란 속에 까마귀들이 모여들었는데 매미는 어딘가로 잽싸게 달아나 버렸어.

까마귀는 사실 무서운 새야. 어깨가 아주 강해 보이게 부풀어 있고, 부리도 큰 데다 눈은 몹시 날카로워. 몸은 까맣고 목소리도 거칠지. 게다가 자꾸 못된 장난을 쳐서 어디서든 그다지 환영받지 못하는 새지만 최선을 다해서 산단다.

매미는 나무에 알을 낳아. 털매미(학명: Platypleura kaempferi), 저녁매미(학명: Tanna japonensis)는 50일 이내, 유지매미(학명: Graptopsaltria nigrofuscata), 참매미(학명: Oncotympana fuscata)는 약 300일 정도면 부화하고, 애벌레는 땅속으로 들어가 나무뿌리에서 영양분을 빨아먹고 자라. 유지매미와 참매미는 알에서 성충이 되기까지 7년 정도가 걸리는데, 수컷은 성충이 되고 4일째가 되면 울기 시작해. 그리고 1~2주 만에 일생을 마치지.

다른 곤충과 달리 수매미는 뱃속에 커다란 주머니를 갖고 있어. 이 주머니는 얇은 막으로 되어 있는데 마치 고무풍선을 배에 넣고 있는 것 같단다. 그로 인해 내장이 측벽으로 밀리고 배의 중심은 굴처럼 텅 비는데, 이게 공명실(共鳴室)이야.

배에 위치한 근육인 V자형의 발음근이 오므렸다 폈다 하면서 양쪽 옆에 이어진 진동막을 울려서 소리를 만들어 내지. 그때 나는 소리는 약하지만 뱃속에 있는 공명실의 공기가 진동하면서 배 전체에서 큰 소리가 나는 거야. 매미 종류에 따라 공명실의 모양이 달라서 신경이 흥분하면 종(種) 특유의 소리를 낸단다.

옛날 매미는 해가 지면 곧 울음을 그쳤는데, 요즘 매미는 밤에도 울어. 밤이 되어도 불빛이 환하게 밝아서 운대. 인간의 문명은 이렇게 자주 자연을 혼란시키고 있어.

그렇게 매미가 우니까, 까마귀도 흥분해서 같이 우는 거야.

모든 생명은 아름답다. 너도 그래

20 지렁이의 몸은 참 신기해

자웅동체·지렁이

리나에게.

잘 지냈니? 올해는 장마다운 비가 내리지 않아서 식물은 많
이 힘들었을 거야. 할머니 친구한테 얻은 예쁜 싸리는 우아하
게 바람에 흔들리지만 아마 뿌리는 조금이라도 길게 뻗어서 물
을 얻으려고 애쓸 것 같아.

리나는 혹시 지렁이를 싫어하니? 할머니는 좋아하진 않지만
그리 싫어하지도 않아. 이른 봄, 비가 그친 뒤 콘크리트 바닥 위
에 죽어 있는 지렁이를 본 적 있지? 땅속으로 들어가는 길을 알
수 없게 되어서 그랬던 걸까?

모든 생명은 아름답다. 너도 그래

지렁이는 눈이 없지만 몸 끝에 빛을 느끼는 세포가 있어서 빛이 닿지 않는 쪽으로 이동해. 빛이 없는 곳을 좋아하거든. 눈은 없어도 나름대로 강하게 살아가는 생물이야.

지렁이는 낮에 대부분 땅속에 숨어 있는데, 밤이 되면 땅 위로 나와서 부드러운 마른 잎이나 썩기 시작하는 식물의 섬유를 먹는단다.

지렁이는 자웅동체(雌雄同體)로, 하나의 몸에 수컷의 생식기와 암컷의 생식기가 함께 있어. 그런데도 배 근처에서 가느다란 돌기를 내밀어 다른 지렁이와 서로 정자를 주입해. 정자를 섞어서 다양한 유전자를 가진 새끼를 만드는 거야. 정자 교환에는 약 30분에서 4시간쯤 걸리지.

그러고 나서 일주일 후에 알을 낳게 된단다. 지렁이는 타액으로 원통 모양의 난포막을 만들어서 그 안에 알과 단백질의 점액을 넣어. 산란 후에는 몸을 뒤로 후퇴시키면서 난포막을 차츰 앞쪽으로 뺀 다음, 수정낭에 모아 두었던 정자를 방출해서 수정시키지. 난포막이 머리끝에서 빠지면 양쪽 끝이 오므라들어 난포라는 주머니가 되고, 알을 낳은 지렁이는 얼마 지나지 않아 죽게 돼. 난포 안에서 자란 새끼 지렁이는 약 2~3주가 지나면 태어난단다.

지렁이는 낮에 땅속에 있다가 비가 많이 내리면 산소가 부족해서 땅 위로 기어 나와. 그때 햇빛을 쬐면 자외선 때문에 죽게 되지. 이른 봄에 지렁이가 많이 죽는 것은 그래서란다.

참, 지렁이를 말할 때는 잊어선 안 되는 것이 있어. 지렁이의 몸은 고리 모양의 마디로 되어 있는 걸 알고 있니? 우리 몸의 등뼈를 만져 봐. 마디가 있을 거야. 그게 바로 지렁이와 인간이 친척이라는 증거란다.

21 물속은 얼마나 다른 세계인지!

해파리·플랑크톤

리나에게.

지금은 밤이야. 여기저기서 벌레 울음소리가 많이 들려온다. 얼마 전까지만 해도 매미가 운다 싶었는데 벌써 벌레 우는 계절이 됐어. 리나도 학교 개학해서 다시 바빠졌겠구나.

해파리 먹어 본 적 있지? 중화요리에서 사용하는 오돌오돌한 식감의 가늘고 기다란 것. 거뭇한 목이버섯이 아니라 옅은 갈색으로 가늘고 길게 자른 것 말이야.

혹시 살아있는 해파리를 본 적 있니? 할머니가 너만 했을 때는 바닷가에 자주 갔었어. 할머니의 외갓집이 바닷가라서 여름방학 때 자주 갔지.

거긴 8월 초까지는 좋은데, 8월 중순이 되면 사람 키 정도나 되는 높은 파도가 밀려 오기 때문에 위험해서 들어갈 수 없는 곳이었어.

파도가 높고 해파리도 자주 나왔지. 해파리는 물속에 있을 때는 투명해서 잘 보이지 않는데, 사람을 쏘거든. 사람뿐만 아니라 자기가 무섭다고 생각하는 것은 뭐든 쏠 거야. 쏘이면 찌릿하면서 감전되는 통증을 느끼지.

거긴 파도가 높아서 해파리가 자주 해안에 밀려 왔는데, 그 모습은 마치 흐늘흐늘한 젤리가 강한 햇볕에 녹아 버린 것만 같았단다.

보름달물해파리(학명:Aurelia aurita)는 봄부터 가을에 걸쳐 자주 볼 수 있는 해파리야. 할머니를 쏜 것도 분명 이 해파리일 거야. 보름달물해파리는 수컷과 암컷이 있어(자웅이체). 둥글고 속이 깊은 접시 모양의 갓을 갖고 있고, 갓의 지름은 20~40cm야. 입의 네 귀퉁이가 팔처럼 길게 늘어나 있는데 이걸 '구완(口腕)'이라고 해.

갓의 중심을 보면 커다란 동심원 모양이 4개 있어. 이건 생식 기관이란다. 암컷의 생식낭 아래에는 알이 모여 있는 보육낭이

모든 생명은 아름답다. 너도 그래

있어서, 이곳에 수컷의 정자가 들어오면 체내 수정을 통해 알이 분열하기 시작하지.

암컷의 구완 뿌리 쪽에는 0.2㎜ 정도의 플라눌라(Planula) 유생이 붙어 있어. 이건 아기 해파리야. 이 유생은 하룻밤 지나면 어미로부터 떨어져 나와 바위나 돌에 찰싹 달라붙어서 움직이지 않는단다.

그 후 플라눌라 유생은 스키풀라(Scyphula) 유생으로 변화해서 16개의 촉수로 바위 등에 달라붙지. 이렇게 바위에 고착한 것을 폴립이라고 해.

봄이 되면 사발 모양이던 폴립은 점점 커지는데 3㎜ 정도로 자라서 마치 초롱처럼 가로 주름이 많은 스트로빌라(Strobila. 횡분체)가 되지. 스트로빌라는 가로 주름이 한 장씩 떨어져 나와 에피라(Ephyra) 유생이 돼. 이윽고 폴립으로 바위에 붙어 있던 해파리 유생은 바다를 헤엄치기 시작한단다.

에피라 유생은 일주일 정도 지나면 크기 10㎜ 정도의 메테피라(Metephyra)라고 하는 해파리가 돼. 한 달이 지나면 젤리 모양의 갓도 두꺼워져서 다 큰 해파리와 비슷해지고, 다시 3개월 후에는 생식기가 성숙해져서 알을 낳게 돼.

이렇게 여러 유생 단계를 거쳐야 비로소 해파리가 되는데, 모양의 변화가 큰 탓에 이 단계에서는 도저히 이것이 해파리의 새

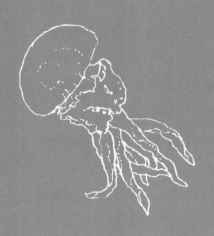

끼라고는 생각할 수 없을 거야. 이런 변화를 변태라고 해. 변태
는 다양한 동물의 새끼에서 성체가 될 때 볼 수 있는 현상이야.

바다 생물의 유생은 다른 물고기의 먹이가 되기 때문에 많이
낳아 두지 않으면 안 돼. 이렇게 유생이나 물고기의 알 등을 합
해 플랑크톤이라고 한단다.

어느 날 할머니의 친척이 플랑크톤 관찰법을 가르쳐 줬는데
들어 볼래?

먼저, 초여름 바다에서 작은 해초를 주워. 해초의 끄트머리
약간과 바닷물 한 방울을 슬라이드 글라스에 얹고 거품이 들
어가지 않도록 커버 글라스를 덮어서 현미경으로 관찰해.

해초 표면에는 아주 미세한 크기의 식물이 빼곡하게 붙어 있
고, 그 사이를 신기한 모양의 플랑크톤이 요리조리 움직여.

플랑크톤 네트(플랑크톤을 채집하는 데 쓰는 그물-옮긴이)로 바닷물
을 걸러 보면 네트 끝에 고인 물속에는 다양한 플랑크톤과 생
물이 많이 들어 있어. 이른 봄에는 정교한 공예품 같은 부유성
규조류가 무수히 들어 있어서 시선을 빼앗고, 여름철 적조(플랑
크톤의 이상 증식으로 바닷물이 붉게 보이는 현상) 때의 바닷물은 한 방울
안에 몇 백의 와편모조류(운동 능력이 있는 단세포 조류로, 끝에 두 개의
편모를 갖고 있다)가 꿈틀거려서 물이 볼록하게 솟아오르는 것처럼

보이지.

이렇게 우리의 세계와는 완전히 다른 세계가 물속에 있단다. 리나의 다음 생일날에는 작은 현미경을 사 줄게. 기대해도 좋아.

> 산에서 보이는 먼 해안에
> 해파리는 새파랗게 무리 지어 있었다
> 해파리는 가운데서부터 빛나고 있었다
> 어떤 것은 해안으로 밀려오고
> 길가의 소나무들은 쟁쟁 소리 내어 울었다
> 해파리에게는 해파리의 사랑스러움이 있다
> 나는 그것을 찬찬히 바라보았다
> 산은 모두 높게 바닷가에 비치고
> 가끔 눈도 내렸다
> 해파리는 보고 있을수록 가여운,
> 사는 보람이라고는 없는 존재 같은 기분이 들었다

무로 사이세이(시인),《사랑의 시집》,〈가을 해파리〉

모든 생명은 아름답다. 너도 그래

22 오직 새끼를 남기기 위해
존재하는 것들

하루살이

리나에게.

올 장마엔 비가 거의 오지 않았지만 모두 제때 꽃을 피워 주었어.

초여름 무더운 날, 작고 하얀 벌레가 무리 지어 날아가는 것을 본 적 있니? 맞아, 그게 하루살이야. 한 마리씩 보면 지면에서 2m 정도 높이까지 오르락내리락하며 날아.

이 벌레 떼가 있는 곳은 흔들흔들거려서 왠지 불안정해 보여. 아지랑이를 본 적 있니? 아지랑이는 화창한 봄날, 들판에 아른아른 피어오르는 공기를 말해. 햇볕으로 뜨거워진 공기가 불규

칙하게 빛을 굴절시켜서 일어나. 차를 타고 달리면 앞쪽, 꽤 멀리 떨어진 곳의 아스팔트에서 공기가 데워져 뭔가가 훨훨 솟아오르는 것처럼 보일 때가 있어.

하루살이는 주로 물가를 즐겨 나는데, 교미와 산란을 끝내면 수 시간 내에 죽고 말지. 유충은 물속에서 2, 3년 지낸 후에 비로소 성충이 된단다.

무리 지어 나는 것은 수컷이야. 그 무리 속으로 암컷이 뛰어들어. 그렇게 짝짓기하는 암컷과 수컷은 공중에서 몸을 포개듯 겹쳐서 날아다니고, 이윽고 짝짓기가 끝나면 암컷은 조용히 물로 내려앉아 알을 낳지.

깜짝 놀랄 사실을 하나 알려 줄까? 성충 하루살이에게는 입이 없어. 아예 먹을 수 없도록 되어 있는 거야. 아무것도 먹지 않고 있는 힘껏 위아래로 날고 짝짓기를 하면, 하루 정도 지나서 죽음을 맞이하게 된단다. 그러니까 하루살이는 오직 짝짓기를 하기 위해 물에서 나온 거야. 그리고 알을 낳으면 더 이상 어미는 필요하지 않은 거지.

이후 물속의 알은 부화하여 유충이 되고 유충이 성충이 되는 불완전 변태를 하여 하루살이로 우화(羽化)해. 우화한 하루살이는 물 밖을 날지. 하루살이처럼 알을 낳으면 바로 죽는 곤충은 많아. 매미도 그랬지. 물고기 중에서는 연어가 알을 낳으면 바로 죽어 버려.

새끼를 남기는 것이 생물에게 얼마나 중요한 일인지 이제 이해할 수 있을 거야. 짝짓기를 하고 알을 낳으면 더 이상 부모는 필요하지 않아. 인간의 부모가 오래 사는 것은 자식을 교육하기 위해서라는데, 세상이 변하면서 이제는 꼭 그렇다고도 할 수 없을 것 같다.

23 얼마나 많은 생명이
씩씩하게 성장하는지!

게

리나에게.

매일 비가 많이 내리는구나. 장마가 끝날 무렵에는 꼭 어딘가에서 큰비로 피해가 나지. 폭우로 산골짝에 갑자기 물이 밀어닥쳐서 집과 함께 사람이 떠내려가 죽는 피해가 매해 일어나.

가끔 기차를 타고 가다 보면 '아니, 어떻게 이런 데에 저렇게?' 하고 놀랄 만한 곳에 집이 들어서 있어. 그 집들은 몇십 년에 한 번 큰비가 내리면 그냥 쓸려가 버린단다.

아무래도 자연의 힘을 만만히 본 탓이겠지. 누구나 자기 집이 떠내려가고 자기가 죽는다는 생각은 하고 싶지 않을 거야.

올해는 재해가 일어나지 않도록 기도하자.

리나는 물맞이게(학명: Geothelphusa dehaani)를 본 적 있니? 등딱지는 둥그스름한 사각형이고, 폭은 2㎝ 정도인 작은 게야. 등딱지 색깔은 회갈색이고.

게는 대부분 바다에 있는데, 물맞이게는 강이나 계곡 같은 맑은 물이 흐르는 곳의 모래 속에 숨어 있어. 가끔 물속에서 나와 게 특유의 옆걸음으로 걸어 다니는 모습을 볼 수 있지.

할머니가 어릴 적에는 물맞이게가 꽤 많았어. 가까운 산으로 소풍을 가면 계곡을 기어 다니는 물맞이게를 자주 발견했지.

물맞이게 외에도 강에 사는 게가 있기는 한데, 알을 낳을 때는 전부 바다로 돌아가. 그런데 물맞이게는 산란도 담수에서 하는 게 특이하단다.

여름이 끝나 갈 무렵 암컷 물맞이게의 배 밑에는 40~50개 정도의 알이 있어. 가을이 되면 알을 품은 어미는 돌 밑에서 조용히 새끼의 성장을 기다린단다. 알 속에서 새끼가 자라거든.

달 밝은 가을밤이 되면 어미 게는 물의 흐름이 잔잔한 곳으로 나와. 배 밑의 알을 물에 담그면 알 하나하나에서 작은 조에아(Zoea) 유생이 부화하지.

물에서 조에아 유생은 새우 같은 모양의 메갈로파(Megalopa)

유생이 되고, 그 후 변태해서 어미와 같은 게 모양이 되는 거야. 한동안 어미 게는 배 아래쪽에 조에아 유생을 소중히 품고 있단다.

그러나 결국 새끼들은 어미 품을 떠나고 시간이 흘러 겨울이 찾아와. 물이 차가워지고 얼음이 얼 때도 있지. 그러면 차츰 먹이는 줄어들 거야. 그래도 작은 게는 어떻게든 살아갈 수밖에 없지.

자연은 혹독해. 그런 혹독함을 견디고 얼마나 많은 생명이 씩씩하게 성장하는지 알게 되면 진심으로 감동하지 않을 수 없단다.

24 나비는 애벌레 시절을 기억할까?

애벌레·곤충

리나에게.

매일 덥다, 덥다 노래를 했는데, 오늘은 서늘한 바람이 불어오더라. '곧 가을이구나' 생각하니 여름의 더위와 헤어지기가 조금 섭섭해진다.

리나는 점술을 믿니? 많은 사람들이 점 보는 것을 좋아해. 할머니의 엄마, 그러니까 리나의 증조할머니도 점 보는 것을 좋아하셨어. 여기저기 점집을 찾아가 점을 보고 와서는 "화장실이 북쪽에 있어서 안 좋다", "현관이 서향이라 나쁘다" 하며 일일이 액막이를 했지.

모든 생명은 아름답다. 너도 그래

할머니가 아팠을 때도 증조할머니는 점집에 가셨어. 그랬더니 집 뒤쪽이 부정하니까 술을 뿌려 깨끗이 하라고 했대. 증조할머니는 집에 오자마자 할머니에게 집 뒤에 가서 술을 뿌리고 기도를 하라고 시키셨단다. 대개 집 뒤쪽은 작은 뜰이잖아. 증조할머니 집도 그랬지. 거기엔 커다란 수국이 있어서 예쁘고 큼지막한 파란 꽃이 피어 있었어. 할머니는 수국을 아주 좋아해서 뒤뜰에 가는 것을 좋아했거든. 작은 그릇에 술을 담아서 신나게 뒤뜰로 갔지.

그곳에서 할머니가 무얼 봤는지 아니? 맙소사! 엄청 커다란 호랑나비 애벌레가 화장실의 하얀 벽에 달라붙어 있는 거야. 노란빛이 약간 도는 초록색 바탕에 까만 줄과 반점이 있고, 빨간색도 좀 있었어.

할머니는 놀라서 기도는커녕 술이 담긴 그릇을 내던지고 집을 향해 냅다 뛰어갔지. 헉헉 숨을 몰아쉬면서 도망쳤단다. 하지만 증조할머니한테는 술을 뿌려 깨끗이 하고 기도도 했다고 말했지.

리나야, 할머니가 왜 그랬는지 알아? 징그럽고 커다란 애벌레가 새하얀 벽에 붙어 있는데, 그곳은 폭이 좁아서 애벌레를 건드리지 않고서는 뒤뜰로 지나갈 수 없었거든.

할머니는 애벌레라면 뭐든 싫어하는데, 호랑나비 애벌레는 특히 싫었어. 부정을 씻으러 갔는데 할머니가 제일 싫어하는 애벌레가 벽에 딱 붙어 있다니! 정말 충격이었어. 할머니는 점술 따위는 믿지 않지만 그렇게 절묘하게 겹치는 우연이 마치 할머니의 병이 낫지 않을 거라고 말해 주는 것만 같았단다.

애벌레의 징그러움에 비하면 애벌레가 변태를 거쳐 탄생하는 나비는 얼마나 아름다운지! 리나는 왕오색나비(학명: Sasakia charonda)를 아니? 수컷의 날개에 아름다운 보라색 부분이 있는 나비야. 왕오색나비의 애벌레는 참나무와 풍게나무를 좋아해. 더운 여름에 암컷은 풍게나무에 알을 낳지. 여름의 강렬한 햇볕으로 따뜻해진 알은 7일 정도면 부화하고 $3mm$의 애벌레가 태어나게 돼. 그리고 그 애벌레가 허물을 벗으면 2령 애벌레가 된단다. 령(令)은 특히 곤충류에서 애벌레의 발육 단계를 구별하는 데 사용하는 말이야. 애벌레는 허물을 벗을 때마다 3령, 4령, 하는 식으로 성장해. 작아서 입지 못하게 된 코트를 벗어 버리는 거지.

여름이 끝나고 잡목림의 잎들도 물들어갈 즈음이면 애벌레는 세 번째 허물을 벗고 4령 애벌레가 되지. 여름에는 초록색이던 애벌레가 나뭇잎이 물들수록 점점 갈색으로 변해. 그러면 나무에서 내려와 낙엽 아래로 들어가서 겨울을 지낸단다.

모든 생명은 아름답다. 너도 그래

참 신기하지 않아? 곤충의 애벌레는 누가 가르쳐 주지 않아도 이런 모든 걸 혼자서 척척 알아서 하니 말이야. 기억은 유전하지 않는다는데……. 생각할수록 정말 신기해.

풍게나무에 새잎이 돋는 5월. 겨울잠에서 깨어난 애벌레는 나무에 기어 올라가 새 잎을 먹고 다시 5령, 6령 애벌레로 성장해. 6령 애벌레는 입에서 실을 뽑으면서 커다란 나뭇잎의 뒤쪽에 매달려서 다시 한 번 허물을 벗고 번데기가 되지.

초록색 번데기가 거무스름해지면 번데기의 껍질이 벌어지면서 나비의 등이 나타나. 순식간에 번데기에서 벗어난 나비는 번데기 껍질에 매달려서 날개의 성장을 기다리지. 곧 날개는 쑥쑥 커져서 아름다운 왕오색나비의 모습이 드디어 완성되는 거야.

리나 친구들 중에 곤충을 좋아하는 남학생은 없니? 왜 그런지 곤충에 흥미를 갖는 것은 남자아이들이 더 많거든. 설마 옛 선조들이 사냥을 했던 기억이 유전되는 것은 아니겠지?

지금의 유전학에서는 기억처럼 태어나서 경험한 것은 유전하지 않는다고 되어 있어. 그렇다면 애벌레의 기억도, 곤충 소년의 기억도 이상하지 않아? 생각해 보면 유전 그 자체가 기억인 거야.

25 자연의 섭리는 때론 잔혹하단다

여우

리나에게.

아침저녁으로 꽤 추워졌다. 이제는 벌레들의 울음소리도 작아져서 "찌르르찌르르" 낮에도 꿈을 꾸듯 울어. 리나의 아빠와 엄마는 여행을 좋아해서 네가 태어난 해에도 셋이서 어딘가로 여행을 갔었어. 네가 태어난 지 5개월 정도 됐을 때였지. 기저귀랑 젖병을 챙기고, 이것저것 챙겨야 할 게 많아서 생각만 해도 힘든데 네 엄마는 그저 신이 나서 준비했어.

분유를 타려면 따뜻한 물이 필요하니까 전기포트와 보온병도 챙겨서 차로 떠났지. 사진을 많이 찍어 왔는데 어느 사진을 봐도 너는 심기가 매우 불편한 얼굴이었지.

아이가 좋아할 만한 곳에 데려가도 전혀 좋아하지 않았대. 오랜 자동차 여행에 지쳐 안아 주는 것도 싫어하고, 차 뒤쪽 시트에 눕혀야 겨우 울음을 그쳤대. 가여워라!

리나야, 북방여우를 본 적 있니? 새끼 여우는 이른 봄에 태어나. 깊은 굴에서 어미에게 어리광을 부리며 젖을 먹는단다.

굴을 덮고 있던 눈이 녹을 즈음에는 나무들이 일제히 싹을 틔우고, 들판에는 다양한 색깔의 꽃이 여기저기 피어 나. 봄이 깊어지면서 새끼 여우는 무럭무럭 자라서 라벤더꽃이 많이 피는 여름 무렵이면 어미에게 이끌려 사냥을 간단다. 어미를 따라 다니면서 사냥하는 방법을 배우는 거야.

인간의 아이와는 상당히 다르지? 태어난 지 몇 개월 만에 자신의 먹이를 스스로 구해야만 하니까.

이렇게 해서 가을이 되면, 놀랍게도 어미가 갑자기 새끼를 공격하기 시작한단다. 새끼들은 비명을 지르며 필사적으로 도망을 쳐! 아직 어리고 귀여운 얼굴의 새끼는 이제부터 혼자 힘으로 살아가지 않으면 안 돼. 그렇게 해서 혹독한 시련을 견딘 새끼만이 살아남는 거야.

어미가 새끼와 생이별을 하는 것은 앞으로 살아가야 할 자

연의 혹독함을 생각해서 새끼에게 이 정도로 심하게 하지 않으면 안 된다는 이성적인 판단에서 나온 행동일 거야. 어미는 자연의 섭리에 따라 다음 번식에 대비해야 하거든. 암컷도 수컷도 몸의 호르몬 시스템이 그렇게 행동하게 하는 거지.

야생에서는 이렇게 해서 살아갈 힘이 있는 개체만 살아남아 자손을 늘려 가는 거야. 약하거나 사냥에 서툰 개체는 도태되어 죽고 만단다.

리나는 인간의 아이로 태어난 게 다행이라고 생각하지 않니? 인간은 약한 사람들에게도 도움의 손길을 주기 때문에 그들도 살아남을 수 있잖아. 그렇게 하면 인간의 강함을 상실한다고 걱정하는 목소리도 있는데, 나는 강한 사람만의 사회보다는 배려하는 사람이 만드는 사회가 좋다고 생각해.

모든 생명은 아름답다. 너도 그래

26 푸른바다거북을 태어난 바다로
돌아가게 하는 힘이 궁금해

난생 · 태생 · 푸른바다거북

리나에게.

쥐도 침팬지도 공룡도 알에서 태어난다는 걸 알고 있니? 그리고 리나, 너도 알에서 태어났어. 리나가 될 알이 엄마 뱃속에 있었다는 것은 지난번에 말했지? 거기에 아빠의 정자들 가운데 가장 건강한 정자가 도착해서 수정되어 리나가 태어난 거야.

리나의 뱃속에도 너의 아기가 될 미숙한 난자가 약 500만 개나 들어 있어. 난자 하나의 지름은 0.1㎝ 정도야.

난자가 분열하고 분화해서 부모와 같은 형태의 자식이 태어나는 경우를 태생(胎生)이라고 해. 포유류는 전부 태생으로, 어

미의 태내에서 자라기 때문에 영양분은 전적으로 어미로부터 받게 되지.

알을 몸 밖으로 낳는 동물은 난생(卵生)이라고 해. 또 난생과 태생의 중간인 난태생(卵胎生)도 있어. 난태생인 동물은 어미와 같은 형태가 될 때까지 어미 뱃속에 있지만, 영양은 난황(알의 노른자위)으로부터 얻어서 어미로부터 자립해 있어. 이런 예로 자주 언급되는 것이 망상어(학명: Ditrema temmincki, 다른 물고기와 달리 어미 뱃속에서 5~6개월 동안 자란 새끼 10~30마리를 낳는다)라는 물고기야.

오늘은 새끼 푸른바다거북(학명: Chelonia mydas)의 이야기를 해 볼게. 여름이 끝날 무렵에 해가 지면 섬 해안 모래사장의 구멍에서 줄줄이 기어 나오는 것들이 있는데, 알에서 갓 나온 푸른바다거북의 새끼들이야.

해가 지고 주위가 어두워지기 시작하면 새끼 거북은 작은 다리를 움직여 일제히 바다를 향해 나아가기 시작해. 바다로 향해 가는 것은 누가 가르쳤을까? 그건 본능이야. 아마 바다거북의 유전자에 새겨져 있을 거야.

모래사장을 아장아장 걸은 거북은 저녁노을을 뒤쫓아서 바다로 들어가. 새끼 거북은 앞으로 아주 긴 여행을 떠나는 거야.

새끼 푸른바다거북은 여행 중에 새나 다른 물고기에게 습격

당해서 죽는 경우가 아주 많아. 그래서 알을 많이 낳지 않으면 자손을 남길 수 없단다.

푸른바다거북은 바다에서 해초를 먹고 자라. 그리고 자신이 태어난 섬으로 돌아가서 모래를 파고 알을 낳지.

한편으로는 다 자라기 전에 잡아먹힌 새끼도 잡아먹은 동물의 목숨을 유지시키기 위해 돕는 역할을 하는 셈이야. 모든 것이 우주의 커다란 생명의 고리 안에서 각각 중요한 역할을 하는 거란다. 우주는 그 자체가 하나의 생명이거든. 우리 한 사람한 사람도 우주 생명의 소중한 일부야.

푸른바다거북이 자신이 태어난 바다로 돌아가는 것은 정말 신기한 일이야. 어떻게 자신이 태어난 곳을 알까? 바닷물의 냄새를 기억한다는 보고도 있지만 아직은 밝혀지지 않은 것들이 더 많단다.

27 다른 동물의 먹이가 되는 일까지도
생명의 법칙일까?

개구리

리나에게.

모내기철이 되면 리나가 사는 동네에는 개구리가 많이 운다고 했지? 할머니가 사는 곳은 두꺼비만 울어 댄단다.

리나네 집 근처는 아직 논이 많아서 개구리가 많을 거야. 개구리 알을 본 적이 있니?

모내기가 끝날 무렵, 논두렁길의 구멍에 하얀 거품 같은 것이 보일 거야. 그게 바로 개구리 알이야. 수컷 개구리는 암컷 등에 올라타서 짝짓기를 하는데, 그때 방출된 정자가 알과 수정하게 돼.

거품 한 덩어리에는 무려 300개에서 600개 정도의 수정란이 들어 있어. 이 덩어리 안에서 알이 부화하고, 그렇게 생긴 작은 올챙이는 액체 상태로 흐트러진 덩어리와 함께 물속으로 흘러 나가지.

알에는 껍질도 없고 어미가 알을 보호해 주는 것도 아니라서 성장 중에 다른 동물들에게 먹히거나 죽는 경우도 많아.

알의 시기를 잘 견뎌 살아 남아도 올챙이는 대부분 잠자리 유생과 물고기의 먹이가 되고 만단다. 그렇게 알을 많이 낳아도 마지막까지 살아 남아서 개구리가 되는 것은 슬프게도 소수에 불과해.

그렇게 어렵게 다 클 때까지 살아남은 개구리가 다시 알을 낳아 그 생명을 이어가는 거야. 개구리 입장에서 보면 헛된 일이지만, 지구상의 생명 전체로 보면 다른 동물의 먹이가 되는 올챙이는 잡아 먹힘으로써 그 역할을 다한다고 할 수 있어. 파란 바다거북과 마찬가지야. 우리도 다양한 것들을 먹는데, 늘 감사하며 먹어야겠다는 생각이 든다.

모든 생명은 아름답다. 너도 그래

28 산호초는 무엇을 위해 존재할까?

산호·강장동물

리나에게.

무더웠던 여름이 가버릴 때는 왠지 서운해. 앞으로 가을의 아름다운 날들이 기다리고 있는데, 왜 이렇게 서운할까.

리나는 바다에 잠수해 본 적 있니? 할머니가 젊었을 때는 그런 놀이가 없었단다. 그래서 할머니는 잠수를 해 본 적이 없어.

스쿠버(휴대용 수중 호흡 장치)를 착용하고 산호초가 있는 바다에 잠수하면 화려한 색채의 세계가 열린대. 산호 자체의 색깔에 먹이를 찾아오는 물고기와 그 외 생물들의 화려한 색이 더해지기 때문이야.

산호는 하등한 다세포 생물이야. 수백 개의 산호 종류 가운데 산호초 자체를 만드는 것은 육방산호(돌산호. 촉수가 6개 있거나 6의 배수로 달린 산호)야. 육방산호는 갈충조(褐蟲藻. 산호 체내에서 공생하는 단세포 조류)와 공생하는데 갈충조가 만드는 석회분으로 골격 형성이 촉진되기 때문에 성장도 빨라서 산호초를 만들 때 주인공 같은 중요한 역할을 하지. 산호초를 만드는 산호의 아름다운 색깔도 바닷물 밖으로 꺼내면 갈색으로 변해 버려. 그건 산호 체내에 공생하는 갈충조의 색깔로, 갈충조는 산호가 내보내는 노폐물과 탄산가스를 사용해서 광합성으로 영양분을 만들어 산호에게 줘. 산호초는 갈충조에게 아주 좋은 거처야. 이렇게 상부상조하는 관계를 '공생'이라고 해.

산호는 입과 위만 가진 동물이야. 머리도 폐도 장도 없어. 그런데 생식기는 갖고 있어서 달이 하늘 높이 떠올라 바다를 비출 무렵이면 일제히 알과 정자를 방출해서 바다는 산호초의 알과 정자로 하얗게 되곤 한단다.

알이 수정되면 플라눌라 유생이 헤엄치기 시작해. 플라눌라 유생은 바위 위에서 자라 산호가 되지. 한 마리의 산호는 그곳에서 먹이를 먹고 커져 두 마리로 늘어나. 이렇게 2, 4, 8…… 점점 증식해서 커다란 군체를 형성하지. 이건 무성생식이야. 반대로 알과 정자가 수정해서 증식하는 것을 유성생식이라고 해. 무리를 만든 산호 사이에는 골격이 만들어지고 신경도 생겨. 모래 위에 자란 산호 중에는 기어서 움직일 수 있는 것도 있어. 산호는 먹는 것과 증식하는 것, 이 두 가지밖에 할 수 없단다.

빨간색의 적산호는 특히 장식품으로 귀하게 취급되는데, 인간의 욕심을 위해 수가 줄어드는 생물을 채취해서 사용하는 것은 피해야 해. 그러니 우리는 절대로 상아로 만든 장식품도, 모피 코트도 사지 말자!

29 엄마, 갑자기 왜 이래요?

두루미

리나에게.

리나는 두루미를 본 적 있니? 할머니는 초등학생 때 공원의 동물원 우리 안에 있는 두루미를 본 적이 있어. 그런데 하늘을 날아다니는 두루미는 아직 못 봤어. 그 공원은 학교 가는 길에 있어서 공원을 가로질러 학교에 다녔어. 작은 동물원이었는데, 우리 안에는 다양한 동물이 있었지. 그런데 전쟁이 심해지자 맹수가 도망치면 위험하니까 차례로 죽이고 말았단다. 마지막으로는 새가 남아 있었고…….

두루미가 사는 지역에서는 2월의 추위 속 얼어붙을 듯한 설

모든 생명은 아름답다. 너도 그래

원에서 두루미가 사랑의 춤을 추기 시작해. 구애의 춤이지. 이 춤으로 애정을 확인하고 암컷과 수컷은 서로 맺어진단다. 눈과 얼음이 녹기 시작하는 4월이 되면 부부가 힘을 합해 둥지를 지어. 습원(濕原)의 갈대를 부리로 잘라 쌓아 올리고, 암컷이 알을 낳으면 부부가 교대로 알을 품지.

예전에 펭귄에 대한 책을 읽은 적이 있는데, 펭귄은 수컷이 알을 품는대. 영하 40도의 남극 설원에서 수컷은 발등에 알을 놓고 아무것도 먹지 않은 채 꼼짝 않고 서 있어.

그 사이에 암컷은 바다에서 먹이를 먹는데, 수십 일 동안 먹지 않고 서 있는 수컷은 점점 더 야위어서 수척해진단다. 의논해서 교대로 알을 품으면 좋으련만, 펭귄도 유전자의 명령에 따를 수밖에 없는 거야.

두루미 새끼가 알에서 부화하면 아빠 두루미와 엄마 두루미는 정성스레 새끼를 키우지. 먹이를 물어 와도 새끼가 먹고 만족할 때까지 먹지 않고 기다려.

그러는 사이에 새끼는 어미를 따라 걷는 것도 배우고 점점 먹이를 잡으며 살아가는 지혜를 배우게 되지.

북쪽 나라의 습원에는 가을이 빨리 찾아온단다. 나뭇잎이 예쁘게 물들 무렵이 되면 새끼는 어미와 비슷한 크기로 자라.

그런데 그렇게 커도 어리광을 부린대. 하하, 정말 귀엽지 않니? 하지만 겨울이 지나고 3월이 되면 어미는 새끼를 공격하기 시작해. 공격은 점점 심해져서 급기야 새끼는 부모에게 가까이 갈 수도 없게 되지. 이렇게 해서 새끼 두루미는 부모와 이별하게 된단다. 이건 앞서 말한 북방여우와 마찬가지야.

　새끼를 자립시킨 부모 두루미에게는 다시 사랑의 계절이 찾아와. 한 번 맺어진 두루미 부부는 평생 헤어지지 않고 같이 산단다.

30 연어의 일생은 언제나 많은 생각을 하게 해

연어

리나에게.

리나는 자반연어를 먹어본 적이 있니?

자반연어는 냉장고도 냉동고도 없던 시절의 보존식품이야. 소금에 절이면 연어에 붙어 있는 세균은 세포 내 수분이 세포 밖으로 흘러나와 죽어 버려.

가을에 잡은 연어를 1월 설날에 먹기 위해선 소금을 많이 뿌려야 했기 때문에 본래 자반연어는 굉장히 짰어. 요즘에는 냉동 등의 방법으로 연어를 신선하게 보존할 수 있어서 짠맛이 훨씬 덜해졌지. 옛날 자반연어는 짜다 못해 쓴 맛이 날 정도였단다.

모든 생명은 아름답다. 너도 그래

좋은 연어는 몸 색깔도 진한 핑크색에 표면에 빛이 나서 금방 알 수 있지. 연어라는 이름으로 불리는 것 중에는 송어도 있어. 이건 흰빛을 띠고 있어서 바로 표시가 나는데 맛은 연어와는 비교가 안 돼.

할머니는 소금에 통째로 절인 연어는 본 적 있지만 헤엄치는 연어는 본 적이 없어.

연어의 일생 역시 무척 신비롭단다. 눈과 얼음에 덮인 강바닥의 알 속에서 자란 새끼는 이윽고 알 밖으로 나와. 강물이 미지근해질 무렵, 새끼 연어는 바다로 내려가 북쪽 바다를 회유하는 동안 성장하지. 그리고 4년째가 되면 자신이 태어난 강으로 돌아오는 거야. 연어도 자신이 태어난 강물의 냄새를 기억한대. 푸른바다거북처럼 말이야.

강어귀를 향해 돌아온 연어는 뭔가에 홀린 듯이 강을 거슬러 올라. 강폭은 차츰 좁아지고 물살도 거세져서 바위에 부딪치기도 하고 연어들끼리 밀치락달치락하는 통에 강물이 연어로 넘쳐나는 것처럼 보일 정도야. 그 과정에서도 많은 연어가 죽게 돼.

이 힘겨운 여행을 계속해서 끝까지 강을 거슬러 오르면, 암컷은 알을 낳고 수컷은 그 알에 정자를 뿌린 뒤 죽는단다. 이 격렬한 산란을 위해 수컷은 많은 양의 부신피질호르몬이 방출되어 결국 몸이 망가지는 거야.

앞에서 말한 벌의 경우도 수컷은 정자를 방출하면 즉사했었지! 산다는 것은 절대 가볍고 쉬운 일이 아니라고 생각되지 않니?

모든 생명은 아름답다. 너도 그래

31 인간은 왜 코끼리를 괴롭힐까?

코끼리

리나에게.

리나는 코끼리 '하나코' 이야기를 아니? 우에노 동물원에 있었던 코끼리인데, 전쟁이 심해져 도쿄에도 폭탄이 떨어지자 사람들이 동물원의 동물들을 모두 죽였단다. 동물들에게 줄 먹이도 없었을 거야.

그런 상황에 있었던 코끼리 하나코의 이야기는 책으로도 만들어져 전해지고 있어. 동물원 측은 정부의 명령으로 어쩔 수 없이 죽여야 했을 때, 하나코를 굶겨 죽이기로 결정했지. 배가 고픈 하나코는 사육사 아저씨가 보이면 배가 고프다는 걸 온

몸으로 호소했어. 사육사 아저씨도 너무 마음이 아팠을 거야. 하지만 하나코에게 먹이를 줄 수는 없었어.

하나코는 하루하루 야위어 갔어. 서 있을 힘조차 없었지. 그래도 먹이를 달라고 끝까지 호소했어. 결국엔 눈을 뜰 수 없게 되었고, 쓰러져 잠든 채 조용히 숨을 거뒀지.

하나코의 이야기는 이렇게 전해지는데, 전쟁 중에는 그보다 더 불쌍한 일이 많이 일어났어. 전쟁은 절대 해선 안 돼. 인간끼리 서로 죽이는 전쟁이 어떻게 용서될 수 있겠니.

누군가 말했지. '한 사람을 죽이면 살인자이고, 많은 사람을 죽이면 영웅'이라고. 지금도 세계 곳곳에서는 전쟁으로 인해 죽고 죽이는 끔찍한 일이 벌어지고 있어. 텔레비전이나 신문을 보렴. 5살 어린아이가 총을 들고 전쟁에 참가하지. 심지어는 엄마를 찔러 죽이라는 명령을 받은 아이도 있어.

그런데 인간을 죽이는 도구인 총을 만드는 일을 인간은 왜 금지하지 않는 걸까? 서로를 죽이는 행위는 인간의 마음 깊은 곳에 있는 어떤 본능 같은 것이 부추기는 것 같다는 생각이 들어. 너희가 어른이 됐을 때는 모쪼록 전쟁이 없는 평화로운 세상을 만들어 주길 진심으로 바란다.

앗, 코끼리 이야기를 하려다 하나코에서 전쟁 이야기로 벗어

모든 생명은 아름답다. 너도 그래

나 버렸네. 그럼 평화로운 코끼리는 어떤 생활을 할까?

아프리카의 드넓은 초원에 아침이 밝기 시작했어. 초원의 수풀 속에 한 무리의 아프리카 코끼리가 있지. 그중 한 마리가 지금 새끼를 낳는 중이야. 많은 코끼리들이 주변을 둘러싸고 걱정스러운 듯 지켜보고 있어.

조산사 역할을 하는 코끼리가 있어서 새끼를 낳는 어미를 격려하고, 갓 태어난 새끼의 몸을 깨끗이 하는 등 바지런히 움직인단다.

갓 태어난 새끼는 태어나자마자 제 힘으로 걸을 수 있어서 어미와 조산사의 보호를 받으며 여행에 합류해. 새끼는 많은 애정을 받으며 성장하지. 조금 크면 엄격한 교육도 받는단다. 새끼가 완전히 크려면 20년 가까이 걸려.

암컷은 어미와 같은 무리에서 평생 같이 살기도 하지만 수컷은 10살 정도 되면 가족을 떠나 새로운 생활을 시작해. 코끼리는 지성의 싹이 보이는 아주 영리하고 착한 동물이야.

인간은 상아를 가지려는 이기적인 목적을 위해 많은 수코끼리를 죽였어. 수코끼리가 인간의 손에 죽어갈 때, 그걸 지켜 보는 다른 코끼리들은 얼마나 슬펐을까…….

32 고래의 노랫소리는 아름다웠다

고래

리나에게.

리나는 우리가 먹는 것들에 대해 생각해 본 적 있니? 우리도 옛날 먹을 것이 없던 시절에는 고래 고기를 먹곤 했단다. 그런데 그린피스의 강력한 항의로 지금은 거의 먹지 않아.

잔인하지만 우리는 살아있는 것을 먹지 않으면 살 수 없어. 사실 어떤 동물이든 죽고 싶지 않을 거야. 그러니 우리가 식사를 할 수 있다는 것에 가슴 깊이 감사하고, 소중히 생각하면서 먹자.

고래는 우리와 같은 포유류야. 물고기와 달리 폐로 호흡하기 때문에 가끔씩 수면 위로 올라와 숨을 쉬어야 해. 분기공(고래의 숨구멍)을 통해 물을 뿜으며 숨을 쉬지. 빠른 속도로 헤엄치면서 호흡을 위해 수면 위로 올라오는 고래는 코가 머리 위에 있어. 원래는 우리처럼 육지에 있었던 동물이 물에 들어가 그곳에 적응해서 살고 있는 거야.

지금으로부터 약 5,000만 년 전에 원시적인 유제류(포유류 중 발굽을 가진 동물)로 늑대와 비슷한 모양을 한 메소닉스류에서 분화한 고래류와 장비류(코끼리가 대표적)는 공통 조상을 갖고 있단다. 한쪽은 바다에서, 다른 한쪽은 육지에서 살지.

고래는 머리 위에 있는 숨구멍(코) 속의 주름을 진동시켜 소리를 내서 먹이를 찾거나 서로 교신해. 사람들은 이 소리를 두고 '고래가 노래한다'고 하지.

할머니는 전에 텔레비전에서 고래의 노랫소리를 들었는데, 무척 아름다웠어. 고래는 오랫동안 노래를 부른단다.

육지에서 바다로 돌아가 버린 고래. 그들은 왜 노래를 부를까? 할머니는 지금도 무척 궁금하단다.

Ⅲ

생명은 순환한다

33 미토콘드리아의 DNA로 인류의 진화를 알아볼까?

미토콘드리아 · 염기서열

리나에게.

드디어 12월이 되어 버렸네. 춥다고는 해도 1월, 2월의 모진 추위에 비하면 아직은 견딜 만해. 12월은 왠지 몸도 마음도 바쁜 달이 아니냐? 한해를 정리하느라 바쁘고, 기분이 들뜨는 크리스마스와 새해 정월의 즐거운 행사도 이어지지. 그런 바쁨과 떠들썩함으로 몸이 살짝 긴장되는, 할머니가 가장 좋아하는 달이란다.

리나야, 그런데 너 혹시 '아이스맨'에 대해 알고 있니? 알프스 빙하에서 발견되었는데, 1991년의 일이니까 네가 태어나기 전

모든 생명은 아름답다. 너도 그래

의 일이야. 그냥 아이스맨이 발견되었다는 이야기가 아니라 실은 더 재미있는 사실이 있어. 그걸 이해하려면 미토콘드리아와 DNA의 염기서열을 알아야 해.

미토콘드리아와 염기서열에 대한 것은 이전에 편지로 말했으니까 오늘은 복습만 하자.

미토콘드리아는 아주 오랜 옛날에 진핵생물의 일부가 된 이래, 줄곧 우리의 세포에 살고 있는 세포 소기관(세포를 구성하며 세포 내에서 특정한 기능을 수행하도록 분화된 구조)이야. 원래는 세균이었는데 지금은 모든 진핵생물의 세포에서 호흡을 담당해. 호흡의 결과로 얻어지는 것은 에너지니까 미토콘드리아는 생물에게 매우 중요하지.

미토콘드리아가 세균이었다는 증거로 미토콘드리아는 독자적인 DNA를 갖고 있단다. 한 개의 세포 안에 약 1,000개 가까운 미토콘드리아가 들어 있기 때문에 미토콘드리아의 DNA를 골라내서 연구하는 것이 어려운 일은 아니야.

세포의 DNA는 사슬 모양의 분자인데, 미토콘드리아의 DNA는 고리 모양이지. 그 DNA는 약 1만 6,500쌍의 염기가 이어져 있어. 미토콘드리아의 DNA도 세포의 DNA와 마찬가지로 ATGC라는 4개의 염기로 이어져 있단다.

약 30억 개인 세포의 DNA에 비해 미토콘드리아의 DNA는 세포 DNA의 19만 분의 1에 불과해. 염기 수가 적기 때문에 실험하기 쉬워서 1981년, 영국의 케임브리지대학에서 인간 미토콘드리아의 모든 염기서열을 밝혀 냈어.

미토콘드리아 중에는 1, 2개의 DNA 분자가 포함되어 있고, 한 개의 미토콘드리아 DNA 중에는 단 한 곳, 아무 기능도 하지 않는 것으로 보이는 문자 배열이 있어. 이것을 'D루프'라고 해. D루프의 DNA는 1,100개의 염기로 이루어져 있어.

DNA의 염기서열을 비교해 보는 것으로 진화의 궤적을 알 수 있는데, 이 미토콘드리아의 DNA는 세포의 DNA에 비해 돌연변이가 일어날 확률이 10배 이상 높아.

100만 년 단위로 진화 상태를 조사할 경우에는 세포핵의 DNA처럼 돌연변이가 서서히 일어나는 것을 조사하기 때문에 괜찮은데, 인류의 진화처럼 5,000년 혹은 1만 년이라는 빠른 단위로 일어나는 변화를 알고 싶을 때는 미토콘드리아의 DNA처럼 돌연변이가 일어나기 쉬운 대상이 실험에 적합하지.

미토콘드리아는 핵 바깥의 세포질에 있어. 난자와 정자가 수정할 때는 난자 안의 미토콘드리아가 그대로 자손에게 유전된단다. 정자에는 머리와 꼬리가 달린 부위에도 미토콘드리아가 있는데, 이 미토콘드리아는 수정 시 파괴되어 유전되지 않아.

모든 생명은 아름답다. 너도 그래

이처럼 DNA가 모계로부터만 유전되는 경우를 '모성유전'이라고 해. 미토콘드리아의 DNA는 모성유전이므로 진화의 궤적을 생각하기에 적절하지. 그 이유는 다음에 아이스맨에 대해 말할 때 저절로 알게 될 거야.

미토콘드리아의 DNA는 돌연변이 빈도가 높다고 해도 1만 년에 한 번 정도야. 또, D루프처럼 사용되지 않는 염기서열에서도 빈번하게 돌연변이가 일어나. 이 유전 정보는 사용되지 않기 때문에 돌연변이가 일어나도 아무런 지장 없이 돌연변이가 축적되기 쉽지.

이야기가 길어지면 지쳐 버릴 테니까 오늘은 이 정도만 하자.

거리에는 크리스마스 캐럴이 울리고, 여기저기서 화려한 트리 장식이 참 아름답게 빛난다!

리나도 크리스마스 선물을 보낼 친구가 있겠지?

날씨가 추워지니까 부디 감기 조심하렴.

34 아이스맨 이야기

방사능·반감기

리나에게.

포근한 연말이구나. 할머니도 건강한 상태라면 벽장 청소를
할 텐데, 지금은 그럴 수 없어서 무척 안타깝다.

자, 오늘은 드디어 아이스맨 이야기를 하기로 했지?

1991년 여름에 오스트리아와 이탈리아 국경 부근의 빙하에
서 미라가 발견됐어. 오랫동안 얼음에 갇혀 미라가 된 시체가
이상고온으로 빙하가 녹는 바람에 발견된 거지. 미라가 갖고
있던 것은 활과 화살촉, 새끼줄, 뼈 손잡이로 된 구리 손도끼 등
이었어.

모든 생명은 아름답다. 너도 그래

연구가의 조사 결과, 미라는 40세 전후의 남성으로 옷은 거의 삭아 버렸지만 풀로 안쪽을 댄 가죽옷을 입고 있었던 것으로 밝혀졌어.

외상은 없었기 때문에 양 떼를 몰고 알프스를 넘다가 길에 쓰러진 것으로 보였지. 갖고 있던 도끼가 구리로 만들어졌다는 점에서 이 미라가 사망한 것은 5,000년 전 이상으로 추측됐어. 구리 도끼는 신석기시대 후기의 것으로 밝혀졌단다.

사체의 피부와 뼈, 옷에 방사성 탄소가 어느 정도 남아 있는지 측정한 결과, 그가 살았던 것은 지금으로부터 약 5,300년 전이었어!

방사능에 대해서는 이전에 조금 말했는데, 이 측정법에 대해 설명해 줄게. 반감기(방사성 물질의 방사능이 반으로 감소하는 데 걸리는 시간)가 5,730년인 방사성 탄소는 대기 중에 항상 일정한 농도로 포함되어 있어. 살아있는 우리도 몸속에 대기와 같은 농도의 방사성 탄소를 포함하고 있지.

죽은 생물은 살아있을 때, 현재 우리와 같은 양의 방사성 탄소를 갖고 있었을 거야. 방사성 탄소의 반감기는 항상 일정하니까 5,730년이 지나면 방사능이 절반으로 감소하게 돼. 따라서 이 미라에 남아 있는 방사성 탄소의 방사능을 조사하면 미라가 사망하고 몇 년이 지났는지 알 수 있지.

　이 미라는 석기시대 사람으로 추정되었는데, 이 정도로 보존 상태가 좋은 미라가 발견된 것은 그것이 처음이었대. 이 미라에 겐 '아이스맨 와치'라는 이름이 붙었고, 다방면으로 연구가 이루어졌어.

　옥스퍼드대학의 브라이언 사이키스(Bryan Sykes) 교수팀은 아이스맨의 미토콘드리아 DNA·D루프의 염기서열을 조사해 봤어. 그러자 그 DNA가 있는 부분에서 현재의 많은 유럽인이 갖는 미토콘드리아 DNA와는 다른 'CCCC'라는 특징이 있는 염기서열이 있는 것을 확인했지.

　또 하나, 많은 유럽인의 경우에는 TAGT인 부분이 TAGC로 되어 T가 C로 바뀌어 있었어. 사이키스 박사는 전 세계의 현대인 중 1,253명이 갖는 미토콘드리아 DNA·D루프의 염기서열을 조사해 비교해 봤어. 그 결과, 아이스맨 특유의 CCCC와 TAGC라는 염기서열을 갖는 사람이 13명 발견되었지. 이 13명은 조상이 아이스맨의 모계인 사람들이라는 말이 되는 거야.

　영국인 마리 모슬리는 그 13명 중 한 명이었어. 게다가 모슬리의 미토콘드리아 DNA·D루프의 354 문자 전부가 아이스맨의 것과 일치했지.

모든 생명은 아름답다. 너도 그래

아이스맨은 남성이니까 그의 미토콘드리아는 자손에게 유전되지 않아. 따라서 모슬리는 아이스맨의 모계 혈통을 이어받았을 가능성이 높다고 할 수 있지. 5,300년이라고 하면 대략 250대 전이란다.

사이키스 교수는 그 후도 연구를 계속해서 아이스맨의 특징적인 두 가지 염기서열을 갖는 사람이 7,500명 정도 있다는 것을 찾아냈어. 그 가운데 116명이 아이스맨과 완전히 똑같은 염기서열의 D루프를 갖고 있었어.

이 116명의 국적과 민족은 다양한데, 유럽 각 지역 외에 이스라엘과 동아시아에도 퍼져 있었단다. 아이스맨 자신은 알프스를 넘을 때 죽었고, 아마도 행방불명이 된 것일 테지만 그 모계 혈통의 사람들은 크게 번성해 지금도 세계 각지에서 살고 있는 거야.

리나야! 넌 아이스맨의 자손은 아니겠지?

35 인류의 다양한 인종은 늘 물음표를 갖게 해

인류의 조상

리나에게.

인류의 조상은 어떤 사람이었을까? 우리는 어떻게 지금 이곳에서 살고 있을까? 한 해를 마무리하는 연말에 생각하기에는 딱 좋은 과제이지 않니?

캘리포니아대학 앨런 윌슨 교수와 연구팀은 5개 인류 집단의 미토콘드리아 DNA의 염기서열을 분석해 봤어. 바로 아시아인, 뉴기니인, 오스트레일리아인, 유럽인, 아프리카인이야.

여기에 다른 연구가들도 협력해서 이들 집단에 속하는 241명의 미토콘드리아 DNA를 분석했지. 그 결과, 미토콘드리아의 유

모든 생명은 아름답다. 너도 그래

형은 182종이었어. 5개 집단 가운데 아시아인은 몽골로이드 (Mongoloid. 황인종), 유럽인은 코카소이드(Caucasoid. 백인종), 아프리카인은 니그로이드(Negroid. 흑인종) 인종에 속해. 오스트레일리아인과 뉴기니인은 애버리진(Aborigine)이라는 오스트레일리아 원주민이 속하는 오스트랄로이드(Australoid)에 대응하지.

월슨 교수는 182가지 유형의 염기서열을 두 개씩 비교해 각 유형 간의 근연성을 조사해 봤어. 비교하는 두 유형의 사람이 서로 먼 혈통일수록 미토콘드리아 DNA의 염기서열은 다를 거야.

실험 결과, 유럽인 집단과 오스트레일리아의 뉴기니를 포함한 아시아 집단은 염기서열이 크게 다르지 않았어. 그것은 이 두 집단이 비교적 최근에 만들어졌다는 것을 의미해.

그런데 아프리카인 사이에서는 차이가 커서 아프리카인의 역사가 길다는 것을 보여 줬어. 이들 결과를 근거로 어떻게 인종이 나뉘었는지 분석해 보았지. 그 결과는 먼저 아프리카인이 몇 가지 계통으로 나뉘어 오랜 역사를 걸어왔다는 것, 그리고 아프리카인 이외의 인종인 코카소이드, 몽골로이드, 오스트랄로이드는 아프리카인에서 갈라져 나와 각각의 길을 걸어왔는데 그 역사가 아직 짧다는 것을 알 수 있었어.

좀 더 알기 쉽게 말하면, 아프리카에 있었던 원인(猿人)이 진화를 거듭한 결과로 우리 현대인의 직접 조상이 되는 현대형 신인(新人)이 생겨났고, 그 현대형 신인 집단이 아프리카를 탈출해 세계 각지로 퍼졌다고 생각할 수 있겠지.

미토콘드리아 DNA가 모계로부터만 유전된다는 점에서 지금 살고 있는 모든 사람들의 조상이 아프리카에서 태어난 한 여성에 이르게 된다는 것도 알았어. 이 결과는 현대인이 모두 한 여성으로부터 생겨났다는 것이 아니라 같은 미토콘드리아를 갖는 여성 집단으로부터 유래한다는 거야.

또 윌슨 박사는 염기가 바뀌는 속도를 통해 아시아인과 유럽인이 등장한 것은 9만 년 전, 아프리카에 현대형 인류가 생겨난 것은 15만~18만 년 전이라고 발표했단다.

리나야, 이 세상에 다양한 인종의 사람이 생겨나고 이렇게 지구 곳곳에서 살아가고 있다는 사실은 생각할수록 참 경이롭지 않니?

과학을 공부하면 할수록 우리 뿐만 아니라 지구와 자연, 그 속에 살고 있는 모든 생명들의 탄생이 어렵고 신비했던 만큼 참 귀하다는 생각이 든다.

출판사는 '센스 오브 원더(Sense of Wonder)'를 써달라는 어려운 주문으로 내게 책의 집필을 의뢰했다. 그리고 대략 두 달 정도 생각할 시간을 주었다. 처음에는 '출판사 측에서도 뭔가 아이디어가 있겠지' 하고 생각했는데, 결국에는 아무것도 없다는 것을 깨달았다. 그래도 "손녀에게 보내는 편지 형태로 30~40통 정도 써주세요" 하고 방향을 제시해 주었다. 30~40통의 편지를 쓰라는 것은 30~40가지 '센스 오브 원더'를 찾아야 한다는 말이다.

그렇게 많이 찾으려면 넋이 나가 버리지 않을까? 그래서 가끔 출판사 담당자에게 전화를 걸어 그에게 '센스 오브 원더'를 찾았냐고 물어 보았는데, 대답은 언제나 "아니, 아직이에요"라고 했다.

'센스 오브 원더'라는 말이 한때 유행한 적이 있다. 내 생각엔 '센스 오브 원더'는 과학교육에서 가장 중요한 지점이고, 생활 전반에 이 마음을 갖고 있으면 풍요로운 삶을 살 수 있다.

'센스 오브 원더'는 대체 뭘까? 글로 옮길 적절한 말이 없어서 '센스 오브 원더'라는 용어를 그대로 썼는데, 어떻게 표현하면 좋을지 한참을 고민하다가 일단 '감탄하는 감성'이라고 옮겨 보았다.

어린아이는 감탄하는 감성이 예민하다. 그런데 어른이 되어 가면서 점차 그 감성을 잃어가게 된다.

나는 손녀에게 편지를 쓰기 시작했다. 그때마다 손녀와 함께 느껴 보고 싶은, 감탄하는 감성이 나타났다. 세상은 감탄할 것들로 가득하다. 그것들은 눈에 띄지 못한 채 곧잘 무시당하는데, 조금만 걸음의 속도를 늦추는 마음의 여유를 가지면 언제든지 발견할 수 있다. 이 책을 쓰면서 다시 한 번 그렇게 느꼈다.

이 책이 독자의 감탄하는 감성을 다시 일깨울 수 있을까? 특히 자연과 생명에 대해. 그렇게 되기를 진심으로 바란다.

모든 생명은 아름답다. 너도 그래

전(前) 미쓰비시화성생명과학연구소 이사 연구원 가게야마 마코토 박사가 원고를 읽고 귀한 의견을 주었다. 진심으로 감사드린다.

또 쓰쿠바대학 명예교수인 남편, 야나기사와 가이치로는 원고를 전부 읽고 많은 조언을 해 주었다.

편집자 모리모토 씨에게는 내가 한 판 진 것 같은 기분이 든다. '손녀에게 보내는 편지'라는 형식만 정해 주면 글을 쓸 거라고 생각해서 던진 거라면, 그리고 이 책이 독자들의 감탄하는 감성을 발견하게 해주는 책이 되었다면 편집자로서의 그의 재능은 보통이 아니다.

손녀 리나는 아직 5살이라 지금 이 책은 아이에게 너무 어렵다. 하지만 리나가 중학생이라고 가정하고 편지를 쓰는 것은 매우 즐거운 일이었다. 이 부분도 모리모토 씨의 계략에 걸려든 것 같다.

내가 즐겁게 쓴 책은 독자도 재미있게 읽는다는 경험을 여러 번 했다. 이 책이 부디 여러분에게 쉽고 재미난 책으로 받아들여지기를 바란다.

야나기사와 게이코

모든 생명은 아름답다,
너도 그래

1판 1쇄 발행 2023년 7월 20일
1판 3쇄 발행 2024년 6월 5일

지은이 야나기사와 게이코
기획·옮긴이 홍성민
감수 전국과학교사모임
디자인 김형균

펴낸이 김현숙 김현정
펴낸곳 공명
출판등록 2011년 10월 4일 제25100-2012-000039호
주소 서울시 중랑구 신내동 835, 베네스트로프트 102동 601호
전화 02-432-5333 | **팩스** 02-6007-9858
이메일 gongmyoung@hanmail.net
블로그 http://blog.naver.com/gongmyoung1
ISBN 978-89-97870-73-8 (43470)